计算机与人脑

The Computer and the Brain

［美］约翰·冯·诺伊曼 著

叶伟民 译

中国科学技术出版社
华语教学出版社
·北京·

图书在版编目（CIP）数据

计算机与人脑 /（美）约翰·冯·诺伊曼著；叶伟民译 . -- 北京：中国科学技术出版社：华语教学出版社，2024.9. -- ISBN 978-7-5236-0860-9

Ⅰ. TP3；R338.2

中国国家版本馆 CIP 数据核字第 2024DQ7693 号

总 策 划	秦德继	
策划编辑	张敬一　林镇南　张锡鹏	
责任编辑	李振亮　张敬一	
特约编审	刘丽刚	
封面设计	末末美书	
正文设计	中文天地	
责任校对	焦　宁	
责任印制	马宇晨	

出　　版	中国科学技术出版社　华语教学出版社
发　　行	中国科学技术出版社有限公司
地　　址	北京市海淀区中关村南大街16号
邮　　编	100081
发行电话	010-62173865
传　　真	010-62173081
网　　址	http://www.cspbooks.com.cn

开　　本	880mm×1230mm　1/32
字　　数	59千字
印　　张	4.25
版　　次	2024年9月第1版
印　　次	2024年9月第1次印刷
印　　刷	河北鑫兆源印刷有限公司
书　　号	ISBN 978-7-5236-0860-9 / TP3
定　　价	59.00元

译者序

本书是由约翰·冯·诺依曼生前为耶鲁大学西利曼讲座准备的讲稿整理而成，代表了这位 20 世纪最伟大数学家对计算机与人脑之间相似性的看法。冯·诺依曼得出结论：人脑，部分以数字方式运作，部分以模拟方式运作，使用了一种独特的统计语言，不同于计算机操作中使用的那些。本书是计算科学、心理学和神经科学史上的里程碑之作。

接到这本书的翻译工作时，我倍感压力。因为虽然我已经翻译过 11 本计算机技术类图书，但翻译毕竟只是我的兴趣爱好，而我的主业是计算机，冯·诺依曼正是我主业的"祖师爷"。翻译"祖师爷"的经典著作，压力之大可想而知。经过再三思考，最后我认为翻译好这本书并让读者从中受益才是对"祖师爷"最大的尊重。

这本书市面上已经有很多个译本了，各有特色和长处，我如果完全照搬其他版本就失去了这次重译的意义了。在学习完这些译本后，我找到了我这个译本可以让读者最受益的地方，那就是翻译得简单易懂。翻译本书的时候，我假设读者中有一些是有一定计算机基础的大一新生，我要让他们也能够一气呵成地看懂这本书。

我作为一名有二十年从业经验的计算机一线从业人员，至今仍然在写代码、搞技术，十分清楚计算机行业技术更新之快。就 2023 年而言，OpenAI 的 ChatGPT 就做到了每三个月更新一个版本。本书作为冯·诺依曼写于六七十年前的著作，至今仍然让我受益匪浅。因为哪怕过去了六七十年，计算机技术无论发生了何种变化，具体如何实现改变，都还是冯·诺依曼结构计算机，所以在此我要向冯·诺依曼致敬。

既然提到了 OpenAI 和 ChatGPT，顺便提一下，冯·诺伊曼不但是当之无愧的现代计算机"祖师爷",而且还开创了人工智能研究的先河。他于 1948 年在美国加州理工学院所做的演讲"自动机的通用和逻辑理论"(*The General and Logical Theory of Automate*)更是当代基于生物神经系统的人工智能研究的第一篇文献。今天人工智能领域所有的核心概念(神经网络、深度学习等,也就是 OpenAI 和 ChatGPT 的技术基础)均可追溯至冯·诺伊曼及其弟子的研究成果中。

我在翻译本书时参考和借鉴了其他译本的优点,在此感谢我学习过的其他版本的译者。另外,我的翻译如果有让你理解不到位和错漏之处,欢迎指正。

叶伟民

序　言

能受邀在西利曼（Silliman）讲座——美国历史上最悠久、最杰出的学术讲座之一——做演讲，被世界各国学者看成是一种优待和荣誉。按照传统，演讲者应进行持续约两周的一系列演讲，然后将演讲稿整理成一本书，由美国耶鲁大学资助出版。耶鲁大学是西利曼讲座的组织者和承办者。

1955 年初，我的丈夫约翰·冯·诺伊曼（John von Neumann）应耶鲁大学之邀计划于 1956 年春季学期里（即 3 月下旬或 4 月上旬）进行西利曼讲座。Johnny[①] 对这

[①] Johnny 是冯·诺伊曼妻子对冯·诺伊曼的爱称。——译者注

次邀请深感荣幸和欣慰，不过他碍于现状不得不提出一
个条件，即讲座只能持续一周。尽管如此，他为这个讲
座所写的讲稿也非常全面地涵盖了他所演讲的主题——
计算机与人脑。这是他相当长一段时间以来一直感兴趣
的主题。缩短讲座时间是迫不得已，因为此前艾森豪威
尔总统刚刚任命他为美国国家原子能委员会的一名成员。
这是一份全职工作，它不允许其成员——即使是一位科
学家——离开华盛顿的办公室太长时间。不过，我丈夫
知道该如何抽出时间来写演讲稿，为此他总是在晚上或
黎明时分伏案写作。他的工作能力几乎是无限的，特别
是如果他对这个领域感兴趣的话。自动机各种未被探索
的可能性正是他非常感兴趣的一个领域，尽管讲座时间
有所缩减，但他仍满怀信心，决心准备一份尽可能完整
的演讲稿。耶鲁大学非常体贴和理解他的难处，所以不
论是在准备这个讲座的初期，还是后来 Johnny 病倒了之
后（当时我们真的只有忧伤、悲痛和无助），耶鲁大学都
十分体贴、理解和同意我们的想法。Johnny 开始了他在
美国国家原子能委员会新工作的同时还进行着其他研究，

也就是继续他在自动机控制理论方面的研究，尽管他也只是在业余时间里进行着些许努力。

1955 年春天，我们从普林斯顿搬到了华盛顿，Johnny 不得不离开美国普林斯顿高等研究院。自 1933 年起，他一直在该研究院数学部担任教授。

Johnny 于 1903 年出生在匈牙利的布达佩斯。他在很小的时候，便显露出在科学问题上的非凡能力和兴趣。他在孩童时期就对许多事情具有独特的过目不忘的记忆力。进入大学之后，他先后在德国柏林大学、瑞士苏黎世联邦理工学院和匈牙利布达佩斯大学学习化学和数学。1927 年，他被任命为柏林大学的编外讲师。在过去几十年里，他可能是德国所有大学里被任命为这一职位的最年轻的学者之一。后来 Johnny 在德国汉堡大学任教，并于 1930 年接受了普林斯顿大学的邀请，第一次跨越大西洋，在那里做了为期一年的客座讲师。1931 年，他成为普林斯顿大学的一名正式在编教员，从此在美国定居，并入籍美国。在 20 世纪 20 年代到 30 年代，Johnny 的科学兴趣十分广泛，而且主要集中在理论领域。他发

表的文章包括量子理论、数理逻辑、遍历理论、连续几
何、关于算子环的问题以及许多纯数学领域里的其他问
题。后来，在 30 年代后期，他开始对理论流体动力学问
题产生了兴趣，特别是对用已知的分析方法去求偏微分
方程的解时所遇到的巨大困难尤为上心。当世界各地被
战争的阴霾所笼罩，他义无反顾地投入了美国国防科学
研究工作，由此他对数学和物理的应用领域越来越感兴
趣。激波的相互作用过程是一个非常复杂的流体动力学
问题，当时是美国国防研究的重要难题之一，需要大量
的计算才能得出一些答案，这促使 Johnny 开始研究如何
建立一种能够实现这一目的的高速计算机器。Johnny 在
美国费城为美国陆军军械弹道研究实验室建造的 ENIAC
（世界上第一台计算机），是他借助于自动机来解决许
多悬而未决的问题的巨大可能性的首次尝试。他帮助修
改了 ENIAC 的一些数学逻辑设计，并且从那时起，直
到他生命最后的清醒时刻，他都一直保持着对自动机快
速增长应用的许多仍未被探索领域和可能性的兴趣和
好奇心。

　　1943 年，曼哈顿计划（美国陆军部研制原子弹计划）
启动后不久，Johnny 成为"消失在西部"的众多科学家
之一。他不断往返于华盛顿、洛斯阿拉莫斯等地。正是
这一时期，他完全确信，并试图让不同领域的其他人也
相信，在快速电子计算机器上进行的数值计算将大大促
进许多困难的、未解决的科学问题的解决。

　　第二次世界大战之后，Johnny 在高等研究院与一群
被挑选出来的工程师和数学家一起，建造了一台实验性
的电子计算机，即众所周知的"JONIAC"，最终这台计
算机成为全美国同类机器的先行者。即使在今天最快和
最现代化的计算机上也运用了 JONIAC 上所开发的一些基
本原理。为了设计这台计算机，Johnny 和他的同事们试
图模仿人脑的一些运算模式。正是这一动机促使他去研
究神经学，并在神经学和精神病学领域寻找可以合作的
人。为此，他参加了许多关于这些主题的学术会议，并
最终向这些学者发表演讲，介绍利用计算机来复制人脑
的某些极其简单的功能模型的可能性。在西利曼讲座中，
这些思想都得到了进一步的深化和扩展。

第二次世界大战后的几年里，Johnny 涉猎了多个科学领域。他开始对气象学表现出特别的兴趣。因为在气象学中，数值计算明显有助于开辟全新的前景。他还拿出一部分时间用来帮助计算不断深入的核物理问题。他一直与美国国家原子能委员会下属的实验室保持密切合作，并于 1952 年成为美国国家原子能委员会下设的总咨询委员会的成员。

1955 年 3 月 15 日，Johnny 宣誓加入美国国家原子能委员会。5 月初，我们举家搬到了华盛顿。但 3 个月后的 8 月份，我们充满活力和热情的生活——一切以我丈夫不屈不挠的、令人震惊的思想脉络而展开的生活戛然而止。Johnny 左肩出现了剧烈疼痛，手术后被诊断为骨癌。接下来的几个月里，可以说是希望和绝望交替出现：有时我们相信，肩部的病变只是这种可怕疾病的单一表现，在很长一段时间内不会复发；但有时，他所遭受的难以名状的疼痛和难以忍受的痛楚粉碎了我们对未来的希望。在这段时间里，Johnny 仍不知疲倦地工作——白天在办公室里工作或因公出差；晚上则埋头于科学论文或白天耽搁下的一些事情，一直到他在美国国家原子能委员会的任期结束。后来，他开始系统性地研究西利曼讲座的演讲稿；本书大部分内容都是在这种充满不确定性和等待的日子里完成的。11月下旬，病情出现了恶化：他的脊椎上发现了几处感染，行走也出现了严重困难。从那时起，一切都变得越来越糟，尽管我们仍抱有一丝希望：经过治疗和护理，致命的疾病可能至少会被遏制一段时间。

到1956年1月，Johnny只能坐轮椅活动了，但他仍坚持出席会议，所以他被推到办公室继续撰写演讲稿。他的精力明显地一天天减弱，所有旅行和演讲活动都不得不一个接一个地取消，但只有一个例外，那就是西利曼讲座。我们一度希望，通过X射线治疗，他的脊椎至少能暂时支撑到3月下旬，以便允许他去纽黑文完成这一对他来说意义重大的心愿。但即便如此，我们仍不得不进一步要求西利曼讲座委员会将该讲座减少到一到两次，因为按他目前虚弱的情况，整整一周的演讲是十分危险的。然而，到了3月，所有的希望都破灭了，Johnny

再也不能去任何地方旅行了。对此，耶鲁大学一如既往地表现出宽容和理解，校方并没有取消讲座，而是建议如果可以交付演讲稿，其他人可以代他按稿演讲。尽管做了很多努力，但 Johnny 还是不能按时完成他计划好的讲稿。最不幸的是，他根本写不完。

4月初，Johnny 被送进沃尔特·里德医院；直到1957年2月8日去世，这期间他再也没能离开医院。西利曼讲座未完成的讲稿他一直带在身边，在医院里他又做了几次写作的尝试，但那时疾病已经占了上风，即使 Johnny 有着非凡的头脑也无法克服身体上的疲劳。

请允许我向西利曼讲座委员会、耶鲁大学和耶鲁大学出版社表示我深深的感谢。感谢在 Johnny 生命的最后几年里，所有这些机构表现出如此的宽厚和仁慈，现在又将他的这部未完成的、稍显凌乱的演讲稿作为"西利曼讲座丛书"予以出版以纪念他。

克拉拉·冯·诺伊曼

1957 年 9 月于美国华盛顿特区

目 录
▶▶ CONTENTS

引 言 / 1

第一部分　计算机 / 5

第1章　模拟计算机 / 7

　　1　常规基本运算 / 8

　　2　非常规基本运算 / 8

第2章　数字计算机 / 12

　　1　记号及其组合和实例 / 12

　　2　数字计算机种类及其基本单元 / 14

3　并行和串行方案　　　　　　　　/ 14

4　常规基本运算　　　　　　　　　/ 15

第3章　逻辑控制　　　　　　　　　　/ 19

1　插入控制　　　　　　　　　　　/ 20

2　逻辑纸带控制　　　　　　　　　/ 21

3　每项基本运算仅需一个器件的运行原则　/ 22

4　由此带来的对特定存储器件的需求　/ 23

5　用"控制序列"点来实现控制　　/ 23

6　存储控制　　　　　　　　　　　/ 26

7　存储控制的模运算　　　　　　　/ 29

8　混合控制形式　　　　　　　　　/ 30

第4章　混合计算机　　　　　　　　　/ 33

数的混合表示法　　　　　　　　　/ 34

第5章　精度　　　　　　　　　　　　/ 37

要求高（数字）精度的原因　　　　/ 38

第6章　现代模拟计算机的特点　　　　/ 42

第7章　现代数字计算机的特点　　　　/ 43

1　活跃器件的速度问题　　　　　　/ 44

2　所需活跃器件的数量　　　　　　　　　／ 45

3　存储器的存取时间和存储容量　　　　　／ 46

4　由活跃器件构成的存储寄存器　　　　　／ 47

5　存储器的分级原理　　　　　　　　　　／ 48

6　存储元件与存取问题　　　　　　　　　／ 50

7　存取时间概念的复杂性　　　　　　　　／ 51

8　直接寻址原理　　　　　　　　　　　　／ 52

第二部分　人脑　　　　　　　　　　　　**／ 55**

第 8 章　神经元功能简述　　　　　　　　**／ 57**

第 9 章　神经冲动的性质　　　　　　　　**／ 59**

1　刺激的过程　　　　　　　　　　　　　／ 61

2　刺激的机制及其数字特性　　　　　　　／ 62

3　神经反应、疲劳和恢复的时间特性　　　／ 64

4　神经元的大小以及与计算机器件的比较　／ 67

5　能耗以及与计算机器件的比较　　　　　／ 69

6　比较结果小结　　　　　　　　　　　　／ 70

第 10 章　刺激标准　　　　　　　　　/ 73

　　1　最简单的初等逻辑　　　　　　/ 73

　　2　较复杂的刺激标准　　　　　　/ 75

　　3　阈值　　　　　　　　　　　　/ 76

　　4　总和时间　　　　　　　　　　/ 77

　　5　受体的刺激标准　　　　　　　/ 78

第 11 章　神经系统的记忆问题　　　　/ 83

　　1　神经系统记忆容量的估值原理　/ 84

　　2　运用这些规则来估计记忆容量　/ 86

　　3　记忆各种可能的物理体现方法　/ 87

　　4　与计算机类比　　　　　　　　/ 89

　　5　记忆的基本组成成分不必与基

　　　　本活跃器件相同　　　　　　　/ 90

第 12 章　神经系统的数字部分和模拟部分　/ 92

　　　遗传机制在上述背景下的作用　　/ 93

第 13 章　代码以及在控制计算机功能中的作用　/ 95

　　1　完整代码概念　　　　　　　　/ 96

　　2　短代码概念　　　　　　　　　/ 96

3 短代码的功能 / 98

第 14 章 神经系统的逻辑结构 / 100

1 数值的重要性 / 100

2 数值与逻辑的相互作用 / 101

3 期望高精度要求的原因 / 102

第 15 章 所用记号系统的本质：强调统计性，

忽略数字性 / 104

1 算术运算造成的恶化算术深度和逻辑

深度的作用 / 106

2 算术精度或逻辑可靠性的备选方案 / 107

3 可用消息系统的其他统计特性 / 107

第 16 章 人脑语言而不是数学语言 / 109

术语表 / 112

引　言

―――――

　　由于我既不是一个神经学专家，也不是精神病学专家，而是一个数学家，因此需要对本书做一些解释和申明。本书是以数学家的视角探讨如何理解神经系统这一问题。但是，这句话中的"探讨"和"数学家的视角"这两点必须要在这里做好详细的界定。

　　首先，这里我所说的对神经系统的"探讨"，还是有些言过其实了，其实只能称为多少有些系统化的一套猜想罢了——猜想应该进行怎样的探索。具体地说，我试图猜想，从模糊不清的距离远望，在所有以数学为引导的各种研究路径中，哪些路径是一眼望过去就最有希望，

哪些路径是最没有希望的。同时，我也会给这些猜想提
供一些合理化的解释。

其次，这里的"数学家的视角"，我希望读者进行这
样的理解：它的着重点与普通的说法不同，它并不着重
于普通的数学技巧，而是明显着重于逻辑与统计。而且，
逻辑与统计应该主要（虽然还包括其他方面的数学）被
看作是"信息论"的基本工具。同时，围绕着对复杂的
逻辑自动机和数学自动机所进行的设计、求值与编码工
作，已经积累起了一套经验，这将是大多数信息论的注
意焦点。其中，最具代表性的自动机（并不是唯一的），
当然就是大型的电子计算机了。

顺带一提，如果有人能够讲出关于这种自动机的
"理论"，那将是非常令人满意的。但遗憾的是，目前现
存的自动机理论（我强烈希望真的是理论），仍然只能说
是还不够缜密清晰、难以条理化的"一套经验"。

最后，我的主要目的，实际上是要揭示出自动机颇
为不同的一个方面。我觉得，对神经系统所做的更为深
入的数学研讨（这里所说的"数学"之义，在上文已经

讲述过了），将会影响我们对所涉数学本身的各个方面的
理解。事实上，它可能会改变我们看待数学和逻辑学的
固有方式。后文我将会尽力解释为什么我会产生这样一
种信念。

第一部分　计算机

首先，我将讨论计算机系统及其实践所基于的一些基本原理。

现有的计算机可分为两大类：模拟计算机和数字计算机。这种划分是根据计算机运行所用的数在计算机中的表示方式而划定的。

第 1 章

模拟计算机

————————

　　在模拟计算机中，每一个数字都由一个适当的物理量来表示，以某种预先规定的单位测得的该物理量的值，就等于所讨论的这个数。这个量可以是某个圆盘转过的角度，或者是某个电流的强度值，或是某个（相对的）电压的大小，等等。为了使计算机能够计算，即能够按照预定的设计来对这些数字进行运算，就必须要有功能单元（或部件），使其能够对这些代表性的量进行数学上的基本运算。

1　常规基本运算

这些基本运算通常被理解为"算术的四则运算"：加法（$x+y$）、减法（$x-y$）、乘法（xy）和除法（x/y）。

很明显，将两个电流进行相加或相减并不困难（前者对同向电流合并，后者对反向电流合并）。（两个电流的）乘法比较困难，但现有的各种电气器件可以执行这个运算。电流的相除也是如此。（在电流的乘法和除法运算中，电流的单位是非常重要的，因为不同的单位可能会导致运算结果的不同。而在加法和减法运算中，电流的单位并不影响运算结果。）

2　非常规基本运算

有一些模拟计算机与上面提到的模拟计算机不同——对此我将不得不对其做进一步的阐述，这些模拟计算机是做非常规基本运算的。有些计算机是围绕其他"基本"运算而非四则运算而构建的。例如，经典的"微分分析器"就是用某些圆盘旋转的角度来表示数字，其运算过程如下。它提供的不是加法（$x+y$）或减法（$x-y$），而是（$x\pm y$）/2，因为它是使用一种被称为"差速齿轮"的简单部件（汽车后轴上所用的就是这种部件）提供运算的。它的这种运算不是做乘法（xy），而是一种完全不同的运算过程：在微分分析器中，所有的量都是以时间的函数的形式出现，其中利用了一个叫作"积分器"的部件，对于两个量 $x(t)$ 和 $y(t)$，它给出"斯蒂尔杰斯"积分[①] $z(t) \equiv \int^{t} x(t)\mathrm{d}y(t)$。

这个方案的要点有三个：

第一，上述三种运算通过适当的组合，可以产生四种常规基本运算中的三种，即加法、减法和乘法。

第二，上述运算与某种"反馈"技术相结合，就能产生第四种运算：除法。我将不在这里讨论反馈的原理，只想说明一点：反馈除了在这里表现为解决隐式关系装置的面貌之外，它实际上还是一种特别优雅的实现短路迭代和逐次逼近的方案。

———————————

[①] "斯蒂尔杰斯"积分，是由数学家 Thomas Jean Stieltjes（1856—1894）提出来的，故以此命名。——译者注

第三，这一点也是微分分析器的真正合理性所在：对于广泛的各类问题，它的基本运算 $(x \pm y) / 2$ 和积分要比算术运算 $(x + y, x - y, xy$ 和 $x / y)$ 更经济。其原理是这样的：任何用于解决复杂数学问题的计算机都必须通过"编程"来完成任务。换句话说，解决这类问题的复杂运算必须通过组合计算机的基本运算来实现。然后通常通过这种组合近似运算[①]到任何期望的（规定的）精

---

① 近似运算是指使用计算机的基本运算来逼近或估计某个数学运算的结果，而不是直接计算出精确的结果。这是因为在某些情况下，精确的结果可能很难或很费时地通过直接计算得到，而一个近似的结果可能在工程上或实际应用中已经足够好。例如计算一个复杂函数的值。如果这个函数很难直接计算，我们可以使用近似方法，如泰勒级数展开或数值积分，来得到一个接近真实值的估计。这些近似方法通常涉及将复杂运算分解成一系列更简单的运算，这些简单运算是计算机能够直接执行的。在微分分析器的这个例子中，它使用的基本运算如 $(x \pm y) / 2$ 和积分，可能无法直接用于所有类型的数学运算。因此，工程师或程序员需要找到方法，使用这些基本运算来近似那些无法直接计算的运算。这种近似可能涉及找到一个足够精确的级数展开、迭代方法或其他数学技巧，以便使用微分分析器的基本运算来得到一个可接受的估计值。近似运算的目的是在计算资源有限或计算时间需要最小化的情况下，找到一个平衡点，使得计算结果既足够准确又可以在合理的时间内完成，换句话说，在满足计算需求的前提下更经济（采用更简单、步骤更少的组合）。——译者注

度。因此，对于一类给定的问题，一组基本运算可能比另一组基本运算更经济（可以采用更简单、步骤更少的组合）。就本例而言，对于全微分方程系统——微分分析器设计的主要功能——这种计算机的上述基本运算比前面提到的算术基本运算（$x+y$, $x-y$, xy, x/y）更经济。

接下来，我将介绍数字计算机。

第 2 章

数字计算机

在十进制数字计算机中，每个数字都是用与传统书写或打印相同的方式来表示的，即用一个十进制数字序列来表示。每个十进制的数字都由"记号"系统依次来表示。

1　记号及其组合和实例

一种可以用 10 种不同形式来表示的记号，其本身就足以代表一个十进制的数字。如果我们用一种只能由两种不同形式来表示的记号来表示一个十进制的数字，那么每个十进制的数字则需要一个完整的记号组才能满足。

（一个由 3 个二值记号构成的组可以有 8 种组合，这用来表示十进制数字显然是不够的。一个由 4 个二值记号构成的组可以有 16 种组合，这就足够了。因此，每个十进制数字必须采用至少有 4 个二值记号的组。有时可能需要采用更大的组，见后文。）一个十值记号的例子是通过 10 条预定线路中任意一条上出现的电脉冲来表示，每一条线路代表一个不同的值或状态，因此总共有 10 种可能的值。二值记号的例子则是使用一条预定线路，如果电脉冲在这条预定线路上出现，则代表一个值（比如 "1"），如果电脉冲没有出现，则代表另一个值（比如 "0"）。二值记号另一种可能的例子是通过电脉冲的极性来区分，例如正极性代表一个值，负极性代表另一个值。当然，还有许多其他同样有效的记号方案。

我们继续进一步了解记号。上面提到的十值记号的例子显然是一个由 10 个二值记号构成的组，换句话说，如前所述，这组记号是高度冗余的。除此之外，我们也可以使用同一框架引入由 4 个二值记号组成的组来表示十进制数字（如前所述，4 个二值记号组是最小的组）。

设想一个由 4 条预定线路构成的系统，用这些线路上（同时）出现的电脉冲的任意组合（共有 16 种组合，任取其中 10 种）就可以表示一个十进制数字。

请注意，这些记号——通常是电脉冲（也可能是电压或电流，只要它们的持续时间能够使得所指示的记号有效即可）——必须由电路通断的控制装置控制。

2　数字计算机种类及其基本单元

到目前为止，数字计算机用到过机电继电器、真空管、晶体二极管、铁磁磁芯、晶体管等器件，其中有些与其他器件结合使用，有些适用于计算机的存储器[①]内（见后文），有些适合用在存储器外（其他"活跃"部分[②]）。由此产生出各种不同种类的数字计算机。

3　并行和串行方案

讲到这里，我们知道计算机中的一个数字可以通过

[①]　本书的存储器绝大部分都是指内存。——译者注
[②]　执行计算和逻辑运算的部分。——译者注

一串十值记号（或记号组）来表示，而这些记号（或记号组）可以安排成同时出现在计算机的不同器件中（即并行方案），或以时间顺序依次出现在计算机的单个器件中（所谓串行方案）。如果计算机的构造是为了处理有 12 位的十进制数字，例如小数点"左边"有 6 位，"右边"有 6 位，那么这台计算机的每个信息通道中必须提供 12 个这样的记号（或记号组），以用于传递数字。（这个方案可以在不同计算机上以不同方式和程度来实现，以使其更加灵活。因此，在几乎所有的计算机中，小数点的位置都是可调的。但我不在这里对此做进一步讨论。）

4　常规基本运算

到目前为止，数字计算机的运算一直是基于算术的四则运算。对于这些我们熟悉的四则运算，这里我想补充几点。

第一，关于加法：与模拟计算机使用物理过程不同，数字计算机使用严格的逻辑运算规则来控制这种运算，包括如何形成数字的和，何时进位，如何重复和组合这些运算，等等。当采用二进制（而不是十进制）系统时，数字求和的逻辑性质变得更加清晰。实际上，二进制加法表（$0+0=00$，$0+1=1+0=01$，$1+1=10$）[1] 可以这样表述：如果两个相加的数字不同，其和的数字为 1，否则为 0；如果两个相加的数字都为 1，则进位数为 1，否则为 0。由于可能存在进位数，因此实际上我们需要一种有三项的二进制加法表：$0+0+0=00$，$0+0+1=0+1$$+0=1+0+0=01$，$0+1+1=1+0+1=1+1+0=10$，$1+1+1=11$，具体进位规则是：如果相加的数字（包括进位数）中 1 的个数是奇数（1 或 3）[2]，那么其和的数字是 1，否则为 0；如果相加的数（包括进位数）中 1 的个数是多数（2 或 3）[3]，则进位数为 1，否则为 0。

第二，关于减法：它的逻辑结构与加法非常相似。

---

[1] 这里和下面给出的加法表中，等号左边的数都是个位数，等号右边给出的是两位数，前一个是进位数，后一个是个位数。——译者注

[2] $0+0+1=0+1+0=1+0+0=01$（1 个 1，和是 1），$1+1+1=11$（3 个 1，和是 1）。——译者注

[3] $0+1+1=1+0+1=1+1+0=10$（2 个 1，进位数为 1），$1+1+1=11$（3 个 1，进位数为 1）。——译者注

它甚至可以——而且通常就是这么做的——通过简单的"补上"减数的办法来转换成加法。

第三，关于乘法：其主要的逻辑特性甚至比加法更明显，尽管结构较复杂。在十进制中，被乘数与乘数的每个数字相乘形成积，然后再将这些积加在一起（其中用到适当的移位），数字计算机中的乘法操作通常会对所有可能的十进制数字进行预计算，然后使用各种加法方案来将这些乘积相加。同样，二进制系统的逻辑特性更加一目了然。因为唯一可能的数字是 0 和 1，所以被乘数与乘数的数字积，仅当二者均为 1 时才为 1，其他均为 0。

以上所有这些都是对正因子的乘积而言。当两个因子分别为不同正负号时，加法逻辑规则的控制可能会出现四种情况。

第四，关于除法：其逻辑结构类似于乘法结构，只是多了各种迭代、试错减法过程的介入，在各种可能情形下（用于形成商数）需要特定的逻辑规则，这里还涉及串行、重复的处理。

综上所述，所有这些运算都与模拟计算机中所采用的物理过程截然不同。它们都采用二者择一的动作模式，以高度重复的顺序组织，并由严格的逻辑规则控制。特别是乘法和除法，这些规则具有相当复杂的逻辑特性。（这一点可能被我们对其长期的、几乎本能的熟悉所掩盖，但如果我们强迫自己对它们的过程做完全的陈述，那么它们的复杂程度就会变得非常明显了。）

第 3 章

逻辑控制

————————

　　计算机不仅需要能够单独执行基本运算，还必须要能够按顺序（或者更确切地说，按照一定的逻辑模式）来执行这些运算，由此生成数学问题的解（这正是计算的实际目的所在）。在传统模拟计算机中，例如"微分分析仪"，这种运算"顺序"是以这样一种方式来实现的：计算机必须有足够多的器件——足够多的"差分齿轮"和"积分器"[分别用于两种基本运算 $(x \pm y)/2$ 和 $\int' x(t) dy(t)$]——来执行计算所需的基本运算。这些器件，即它们的"输入"和"输出"磁盘（或者更确切地说，这些磁盘的轴），必须彼此连接（在早期的模型中，采用的是齿轮连接，后期模型采用的是电从动装置——
"自动同步装置"），以构成所需计算的副本。值得注意的
是，这种连接模式确实可以随意设置，具体形式取决于
要解决的问题，即用户的意图。在早期的计算机（齿轮
连接）中，这种"设置"采用机械方法；在后期的计算
机（电气连接）中，则是通过插入来完成的。不管怎样，
所有这些类型的计算机，在整个解题运算的持续时间内，
其设置是固定不变的。

1 插入控制

最近一些模拟计算机引入了一种更先进的技术。它
们使用的是电气"插入"连接。这些连接实际上是由电
动继电器控制的，通过改变继电器磁铁的吸合或断开状
态，可以改变这些继电器产生的电刺激。这些电刺激可
以通过穿孔纸带控制，这些纸带的运动可以通过计算得
出的适当时刻的电信号来启动和停止（以及重新启动和
恢复等）。

2　逻辑纸带控制

那么这些纸带的运动具体是怎么控制的呢？通过计算机某些数值处理器件达到某种预先指定条件（例如某个数字的符号变为负号，或某个数字被另一个数超过）来控制。注意，如果数字是用电压或电流定义，那么它们的正负号可以通过整流器的安排来检测。对于旋转的圆盘，正负号可以通过看它是向右还是向左旋转通过零点来判断。当一个数字与另一个数字的差值符号变为负号时，表明前一个数字被后一个数字超过。因此，"逻辑"纸带控制——或者更确切地说，"应用了纸带的计算状态"的控制——是在模拟计算机原有的固定连接控制之上叠加了一种新的控制方式，通过跟踪计算过程中的状态变化来改变控制序列点的状态，实现逻辑控制功能。

数字计算机使用的控制方式与模拟计算机的控制方式有所不同。但在讨论这些问题之前，我将对数字计算机以及它们与模拟计算机的关系做一些总括性的讨论。

3　每项基本运算仅需一个器件的运行原则

首先必须强调的是，在数字计算机中，每项基本运算仅需一个器件。这一点与大多数模拟计算机不同，大多数模拟计算机每项基本运算都必须有足够多的器件参与，所用器件的多少因问题的需求而异。然而，应当指出的是，这是一个历史事实，而不是一定要这样，例如电气连接型模拟计算机原则上就可以做到每种基本运算仅需一个器件。数字计算机的逻辑控制见下述。（事实上，读者可以毫不费力地证明，前文所述的"最新"类型的模拟计算机控制是向这种运算方式的一种过渡。）

此外还应指出，有些数字计算机或多或少偏离了这条"每项基本运算仅需一个器件"的原则，但这些偏离还是可以纳入这个正统方案中的。在某些情况下，这仅仅是一个如何看待双工（或多工）计算机的问题，它们往往采用适当的交互通信方式。这里我不打算进一步讨论这些问题。

4　由此带来的对特定存储器件的需求

然而,"每项基本运算仅需一个器件"这个原则需要用大量器件来存储运算过程中的数据(各部分的中间计算结果)。也就是说,每一个这样的器件必须能够"储存"一个数字,同时除去它以前储存的数字。所存储的这个数字接收自当下与该器件连接的其他器件,并在"提问"时"重复"这个数字:将它发射给当下与之连接的其他器件。这种器件被称为"存储寄存器",这些器件的总和被称为"存储器",一个存储器中寄存器的数量就是该存储器的"容量"。

现在我们可以来讨论数字计算机的主要控制模式。这里我们从描述两种基本控制方法入手,同时提及一下将它们结合在一起的一些明显的原则。

5　用"控制序列"点来实现控制

第一种被广泛使用的基本控制方法(经过一些简化和理想化)可以描述如下:

计算机包含许多逻辑控制器件，它们被称为"控制序列点"，并具有以下功能。（这些控制序列点的数量可能相当可观。在一些较新的计算机中能达到几百个。）

在使用这种系统的最简单的模式中，每个控制序列点连接到它所驱动的某个基本运算器件，并连接到提供该运算数字输入的存储寄存器，以及接收其输出的寄存器。在一定的延迟之后（这个时间延迟必须足以执行完运算），或在接收到"已执行"的信号之后（如果运算的持续时间是可变的，且其最大值是不确定的或长到不可接受，那么这个过程当然就要求与所讨论的基本运算器件有额外的连接），该控制序列点触发下一个控制序列点（其"后继点"）动作。接下来，下一个控制序列点又以类似的方式，根据其自身的连接执行这一功能，由此一路进行下去。如果没有进一步的工作可做，那么这个过程便提供了一种无条件的、不重复的计算模式。

如果某些控制序列点（称为"分支点"）连接到两个"后继点"并且能够有两个状态，例如 A 和 B，且 A 会取道第一个"后继点"使过程继续进行，B 取道第二个"后

继点"使过程继续进行，那么我们就可以获得更复杂的
控制模式。这种控制序列点通常处于状态 A，但由于它连
接到两个存储寄存器，因此某些事件会导致它从 A 变到
B 或从 B 变到 A。例如，在第一个寄存器里出现负号，状
态就会从 A 到 B，如果负号出现在第二个寄存器上，则
将使控制序列点的状态从 B 到 A。（注意：存储寄存器除
了存储一个数的数字，通常还存储其正负号 + 或 –。对于
这一点，一个二值记号就足够了。）现在，我们可展现所
有的可能形式：两个"后继点"可以代表计算的两个完
全分离的分支，取道哪个后继点取决于适当分配的数字
标准（如果前一个点控制是" A 到 B"，那么后一个点" B
到 A"就用于恢复到新计算的初始条件）。这两个备选分
支机构稍后会复位，成为普通的后继点。当两个分支之
一（例如由 A 控制的分支）实际返回到前述第一个（分
支）控制序列点时，还会出现另一种可能性。在这种情
况下，我们处理的是一个重复的过程，这个过程被迭代，
直到满足某个特定的数值标准（上面" A 到 B"的指令）。
当然，这只是一个基本的迭代过程。所有这些技巧都可

以组合和叠加。

　　请注意，在这种情况下，与前文提到的模拟计算机的插入式控制相同，这里所谈的（电气）连接的总和构成问题的设置——待解决问题的表达，即用户意图的表达。所以这仍是一种插入式控制。正如前述，插入模式可以因具体问题而更改，但至少在最简单的安排中，它在处理一个问题的持续时间内是固定不变的。

　　这种方法可以通过多种方式加以改进。每个控制序列点可以连接到多个器件，触发多个运算。插入式连接实际上可以由机电继电器控制（如前面模拟计算机示例中所述），这些继电器可以用纸带设置，反过来纸带又可以在由计算中产生的电信号的控制下移动。关于这个主题所允许的所有变体的进一步讨论我就不在这里展开了。

6　存储控制

　　第二种基本的控制方法——该方法实际上已经朝着取代第一种方法的方向发展了很多——可以描述如下（同样进行了一些简化）。

　　形式上，该方案与上述插入式控制方案有些相似。但现在控制序列点被"指令"所取代。在该方案的大多数实例中，指令在物理上与一个数字相同（与计算机处理的类型相同）。因此，在十进制计算机中，它是一个十进制数字序列。（在前一章所给出的例子中，指令就是 12 个带或不带正负号的十进制数字。有时候，在这种标准的数字空间中包含不止一条指令，但这里就不展开论述了。）

　　一条指令必须指明：要执行哪一种基本运算、这个运算的输入将从哪一个存储寄存器中取出、其运算结果将输出到哪一个存储寄存器去寄存。请注意，这里假定所有存储寄存器都是按序列编号的——存储寄存器的这个编号称为"地址"。对基本运算的编号也很方便。因此，一条指令只需包含它要运算的数和上面提到的存储寄存器的地址，并以一个十进制的数字序列（固定顺序）的形式存在。

　　但这方面有一些变体，尽管它们在当前的情形下并不是特别重要。例如，一条指令可以按上述方式控制多

个运算；它还可以指示它所包含的地址在进入执行过程
之前以特定的方式被修改。(通常采用的，实际上也是最
重要的修改地址的方法，是将指定存储寄存器的内容添
加到所有与该问题相关的地址中。)当然，这些功能也可
以通过特殊指令控制，或者一条指令只影响上述一系列
动作的一部分。

　　每条指令的一个更重要的方面是：与前例中的控制
序列点类似，每条指令必须确定其后续指令(有分支或
没有分支)。正如我在前面指出的，从"物理"上看，一
条指令通常与一个数字相同。因此，在处理问题的过程
中，存储指令的自然方法是将它存储在一个存储寄存器
中。换句话说，每条指令都存储在存储器中，即存储在
一个确定的存储寄存器中，也就是说，它有确定的地址。
这为处理指令后继者的问题开辟了许多具体的方法。因
此，我们可以规定，地址 X 的指令的后续指令的地址是
$X+1$，除非明确说明反向。"反向"是一种"转移"，它
是一种特殊的指令，规定后继者位于指定的地址。或者
说，每条指令都可以包含"转移"子句，即明确指定后

继者的地址。"分支"最容易由"条件转移"指令来处理，它是这样一条指令：它指定后继者的地址是 X 还是 Y 取决于是否出现了某个数值条件，例如，给定地址 Z 上的数是否为负数。这种指令必须包含一个数字，它表示这一特定类型的指令（因此它起着与上面提到的基本运算编号类似的作用，并占据相同的位置），地址 X、Y、Z 则是一个十进制数字序列。

请注意，这种控制模式与前述的插入式控制模式之间存在重要区别：控制序列点是真实的物理对象，它们的插入连接表示该问题的运算。而在存储式控制模式，指令是理想化实体，它存储在存储器中，因此是存储器中表示该问题的这个特定段的内容。因此，这种控制模式被称为"存储控制"。

7　存储控制的模运算

在存储控制模式下，由于执行整个控制的指令都在存储器中，因此比以前的任何控制模式都具有更高的灵活性。实际上，计算机在其指令的控制下，可以从存储器中提取数字（或指令），并将其（作为数字）进行处理，然后将它们返回到存储器（相同或其他位置）；也就是说，它可以更改存储器的内容，实际上这是它的常规模运算。特别是它能够更改指令（因为这些指令存在存储器中），尤其是控制其动作的指令。因此，各种复杂的指令系统都是可能的，它们不断地修改自己，由此也就不断地调整其控制下的计算过程。通过这种方式，比单纯的迭代更复杂的过程成为可能。尽管这些方法听起来有些牵强和复杂，但在最近的计算机计算——或者更确切地说，在计算规划——实践中，这些方法已得到广泛运用并且占据非常重要的地位。

当然，指令系统——它意味着要解决的问题，用户的意图——是通过"加载"到存储器中来传递给计算机的。这通常是通过预先准备好的纸带或其他类似介质来完成的。

8 混合控制形式

上述两种控制模式——插入式和存储式——允许多

种组合，对此我们可以做些讨论。

我们可以这么设想一台插入式控制计算机。假设它有一个存储器，其类型与存储控制计算机的存储器相同。那么我们可以用（长度合适的）一系列数字来描述其插入的完整状态。这个序列可以存储在存储器中；它可能占用几个数字的空间，即几个连续的存储寄存器。换言之，它会有许多连续的地址，其中第一个地址可以简称为它的地址。存储器可以加载若干这样的序列，表示几个不同的插入方案。

除此之外，计算机还可以有完全的存储类型控制。除了与该系统自然匹配的指令外，它还应该具有以下类型的指令：第一，使插入的设置根据存储在指定存储器地址上的数字序列来复位的指令。第二，改变指定的单项插入的指令系统。（请注意，这两项规定都要求通过实际的电气控制装置即机电继电器、真空管或铁磁芯等来进行插入。）第三，将计算机的控制从存储器存储状态转到插入状态的指令。

当然，插入式方案还必须要能够指定存储控制（它

可预设在指定的地址）作为控制序列点的后继者（或在
分支的情况下，作为一个后继者）。

第 4 章

混合计算机

前面的内容应该足以说明，这些控制模式及其组合所固有的灵活性了。

值得注意的另一种计算机类型是"混合"计算机，这是一种同时应用了模拟和数字计算机原理的计算机。更准确地说，它是这样一种方案：计算机其中一部分是模拟的，另一部分是数字的，两部分相互通信（对于数据资源来说）并受共同的控制支配。或者，每个部分都有自己的控制，但这两个控制必须能够相互通信（对于逻辑材料来说）。当然，这种安排需要有能够将给定的数字型的数字转换成给定的模拟型的数字的器件，反之亦

然。前者意味着从数字型表达出发来建立连续量，后者
则是测量连续量并将其结果以数字形式来表示。能够执
行这两项任务的各种器件，包括快速电气组件，已经是
众所周知。

数的混合表示法

另一类重要的"混合"计算机类型包括这样一些计
算机，其中计算过程的每一步（当然，不是指其逻辑过
程）都结合了模拟和数字原理。其中最简单的情形是，
每个数字都以部分模拟、部分数字的方式来表示。我将
描述这样一个方案，它偶尔会出现在组件和计算机的构
造和规划中，以及某些类型的通信中，虽然基于此的大
型计算机还未出现。

在这个我称之为"脉冲密度"的系统中，每一个数
字都用一系列连续的电脉冲（在一条线路上）来表示，
这个序列的长度无关紧要，但脉冲序列（在时间上）的
平均密度就是要表示的数字。当然必须指定两个时间间
隔 t_1 和 t_2（t_2 比 t_1 大得多），这样，所讨论的平均值必然

介于 t_1 和 t_2 之间。要使一个数字等于此密度，那么我们还必须指定数字的单位。有时，不妨让所讨论的密度不等于这个数字本身，而是等于它的一个合适的（固定的）单调函数，例如对数。（后一种的目的是在数字较小时获得更好的分辨率，在数字较大时获得虽较差但可接受的分辨率，并使数字与数字之间具有连续的过渡。）

我们可以设计出将算术四则运算应用于这些数的器件。因此，当密度表示数字本身时，可以通过将两个序列合起来实现加法。其他运算虽然有些棘手，但也已存在足可用的且多少还算优雅的计算机。在此我就不讨论负数是如何表示的了，如果需要的话，这也很容易用适当的技巧来处理。

为了获得足够的精度，每个序列都必须在上面提到的每个时间间隔 t_1 内包含许多脉冲。如果在计算过程中需要改变一个数字，我们只需相应改变其序列的密度即可，条件是这个过程比上面提到的时间间隔 t_2 还要慢。

对于这种类型的机器，对数值条件的感知（例如出于逻辑控制目的）可能相当棘手。然而，有各种各样的装置可以将这样一个数字，即脉冲的时间密度，转换成模拟量。（例如这样的脉冲密度，通过给定的电阻，其每一个脉冲将缓慢放电的电容器充电到标准电荷量，这样，只要我们将其放电电压和漏电流控制在一个合理恒定的水平上，那么这两个量就都是可用的模拟量。）因此如前所述，这些模拟量可用于逻辑控制。

　　至此，计算机的运行和控制的普通原理讲述完毕，我将继续讨论一些关于它们的实际运用和支配的原则。

第 5 章

精度

我们首先比较一下模拟计算机和数字计算机的运用。

除了其他各方面的考虑外，模拟计算机的主要局限性是它的精度问题。实际上，电模拟计算机的精度很少超过 10^{-3}，甚至机械模拟计算机（如微分分析器）的精度也只能达到 $10^{-4} \sim 10^{-5}$。然而，数字计算机却能够达到任何期望的精度。例如，前面提到的十二位十进制机器其精度即为 10^{-12}。（从后面的进一步讨论可知，这只是现代数字计算机的一个相当典型的精度水平。）还应注意，在模拟制式下，提高数字计算机的精度要容易得多。对于微分分析器，其精度从 10^{-3} 提高到 10^{-4} 还相对简单；

目前最好的技术能将其精度从 10^{-4} 提高到 10^{-5}，而（用目前的方法）从 10^{-5} 提高到 10^{-6} 是不可能的。然而，对于数字计算机来说，精度从 10^{-12} 提高到 10^{-13} 意味着只需往 12 位数上再增加一位。这意味着通常设备的相对增加不超过 1/12 = 8.3%（并非总是这样），且运算速度也只降低相等的比例（并非总是这样），这些情况都不严重。脉冲密度系统的情形看似可与模拟系统相比较，但实际情况要差得多：它本质上就是一种低精度仪器。实际上，如果要求脉冲密度系统的精度为 10^{-2}，那么就要求它在 t_1 的时间间隔内有 10^2 个脉冲，单就这一点，计算机的速度就会降低到 1/100。通常情况下，这种量级的速度损失是难以承受的，而更大的速度损失更是不被允许的。

要求高（数字）精度的原因

现在引出另一个问题：为什么一定要这么极端的高精度（如数字机达到 10^{-12}）？为什么典型的模拟计算机的精度（比如 10^{-4}），更不用说脉冲密度系统（比如 10^{-2}），都是不够的？在应用数学领域和工程领域的大多数问题中，数据精度都不会好于 10^{-3} 或 10^{-4}，而且常常达不到 10^{-2} 的水平，其实答案就是不需要，因为高了也没有意义。在化学、生物学、经济学或其他一些实际问题上，精度要求通常更不严格。然而，在现代高速计算领域，众口一致的经验是，即使是 10^{-5} 这样的精度水平也不足以解决大部分重要问题，在实践中，数字计算机要求 10^{-10} ~ 10^{-12} 这样的精度水平是完全合理的。出现这种令人惊讶现象的原因既有趣又重要，这与我们目前的数学和数值程序的固有结构有关。

与这些处理相关的明显事实是，当我们将计算过程分解成其各个组成要素时，就会看到这个过程是非常冗长的。这对于所有需要运用计算机处理的问题（至少是对于那些具有中等复杂度的问题）都是一样的。正是这个特点导致必须要采用快速计算机。根本原因在于，我们目前的计算方法要求将所有的数学函数分解成基本运算（即算术四则运算或大致相当的运算）的组合。实际上，大多数函数只能用这种方式进行近似，这意味着在大多数情况下，我们需要进行相当长的，其中可能含有多次反复迭代的基本运算。换句话说，所需运算的"算术深度"通常相当大。请注意，相应的"逻辑深度"将更大，要比"算术深度"还要高出相当大的倍数。也就是说，如果我们将算术四则运算分解为基本的逻辑步骤，那么它们中的每一种运算本身就都是一条长长的逻辑链。这里我仅对算术深度展开描述。

现在假设有大量的算术运算，每一次运算中出现的误差都会叠加。由于这些误差主要是随机性的（虽然不全都是），因此如果有 N 次运算，那么误差不是增加 N 倍，而是增加大约 $\sqrt{N}$ 倍。通常情况下，如果结果的精度仅需 10^{-3}，运算本身不需要每一步都达到 10^{-12} 的精度。为此我们可以估算一下运算次数：$10^{-12}\sqrt{N} \cong 10^{-3}$，即 N 为 10^{18}，而即使是当今最快速的计算机，其运算次数也几乎不会超过 10^{10}。（每 20 微秒执行一次算术运算，48 小时处理一个问题，这样的计算机已经是最快的了。但即便如此，N 也只有 10^{10}！）然而，我们还要考虑这样一种情况。在计算过程中，所执行的运算可能会放大先前运算引入的误差。这会很快地填平前述数字间的鸿沟。上面

所用的比值 $10^{-3}:10^{-12}$ 等于 10^9，但实际上，假设每次运算只增加 5% 的误差，那么做 425 次连续运算，误差就将达到这个值的 10^9！这里我就不再做任何具体的和实际的估计了，特别是因为当今计算技术已经采取了大量措施来降低这种影响。但不管怎样，从大量经验中得出的结论是：只要遇到相当复杂的问题，还是需要上述高精度。

在第一部分"计算机"结束之前，我还想谈一下它们的速度、大小等相关问题。

第6章

现代模拟计算机的特点

———————

在现代最大的模拟计算机中，基本运算器件数目的量级是一两百个。当然，这些器件的性质取决于所使用的模拟过程。在最近的一段时间里，它们通常都是电气型的，或者至少是机电型的（机械部分用于提高精度）。如果想配备精心设计的逻辑控制，那么就需要向系统中增添一些典型的数字动作单元（如同所有此类逻辑控制一样），如机电继电器或真空管（在这种情况下，后者无法以极快的速度驱动）。这些数字单元的数量可能高达几千个。在极端情况下，这种计算机所需的投资可能高达100万美元。

第 7 章

现代数字计算机的特点

　　大型数字计算机的组织结构更为复杂。它们由"活跃"器件和具有"存储"功能的器件组成。存储器件还可能包括"输入"和"输出"器件，尽管这不是一种常见的做法。

　　活跃器件的作用概述如下。首先，它是指执行基本逻辑运算的器件，这些动作包括：读出重合[①]、组合激励[②]，

---

① 读出重合是指检测两个输入信号是否同时出现，用于实现逻辑与（AND）和逻辑或（OR）等基本逻辑运算。——译者注

② 组合激励是指对多个输入信号进行组合以产生所需的输出信号，用于实现逻辑非（NOT）、逻辑异或（XOR）等逻辑运算。——译者注

以及可能的读出反重合 ① （除了这些之外都不是必需的，尽管有时这些器件还提供更复杂的逻辑运算）。其次，它起着再生脉冲的作用，即恢复逐渐消耗的能量，或简单地将机器的能量直接提升到较高的水平（这两个功能都称为放大），从而恢复所需的（即在一定误差范围内、标准化的）脉冲形状和脉宽。注意，前一种逻辑运算正是构建算术运算的要素。

1 活跃器件的速度问题

前面所有这些功能都是（按不同的历史阶段）通过机电继电器、真空管、晶体二极管、铁磁芯和晶体管（见前文）或涉及这些器件的各种小型电路来执行的。继电器可以实现每个基本逻辑动作约 10^{-2} 秒的速度，真空管可以将此速度提高到 $10^{-5} \sim 10^{-6}$ 秒（在极端情况下，甚至可达到后者的一半或四分之一时间）。最近有一种器件——固态器件，可实现 10^{-6} 秒的水平（在某些情况下

---

① 读出反重合是指检测两个输入信号是否不同时出现，用于实现逻辑异或非（XNOR）等逻辑运算。——译者注

仅为这个量级的几分之一），并且很可能将速度范围扩展
到每个基本逻辑动作仅需 10^{-7} 秒，甚至更快。对此我在
这里就不多做讨论了，我预计在未来十年内，我们将能
达到 $10^{-8} \sim 10^{-9}$ 秒的水平。

2　所需活跃器件的数量

现代大型计算机中活跃器件的数量因类型而异，从
3000 ～ 30000 不等。其中，基本算术运算通常是由一个
器件（或者更确切地说，是由一组或多或少合并起来的
器件组）来执行的，被称为"算术器件"。在现代大型计
算机中，根据类型的不同，这个器件由大约 300 ～ 2000
个活跃器件组成。

下面将进一步讲到，活跃器件的集合可用来执行某
种存储功能，这些器件通常包括 200 ～ 2000 个活跃器件。

最后，（适当的）"存储"集合需要有辅助性的活跃器
件的装配组件来服务和管理它们。对于不包含活跃器件
的最快的存储器组（这个术语表示它们是存储层次的第
二级），此功能可能需要 300 ～ 2000 个活跃器件。就存

储器的所有部分而言，所需的辅助性活跃器件的数量可能占到整个机器的 50%。

3　存储器的存取时间和存储容量

存储器有几种不同的类别，对它们进行分类的特征参数是"存取时间"，各种存取时间可定义如下。首先，它是指存储一个已经存在于计算机其他部分（通常寄存在活跃器件）的数字所需的时间，它也是删除存储器之前所存储的数字的时间；其次，它是在"提问"时将所存储的数字复现到计算机的另一个地方（通常是复现到活跃寄存器）所需的时间。我们可以方便地区分这两个存取时间：前者叫"写入时间"（in），后者叫"读出时间"（out）；或者采用单个存取时间（取两者中较大的那个），或者采用它们的平均值。此外，存取时间有时可能会变化，也可能不变化——如果存取时间不依赖于存储器地址，则称为"随机访问"。即使它是可变的，我们也可以采用单个值（最大值），或者采用平均存取时间。（当然，后者可能取决于要解决的问题的统计特性。）不管怎样，为了简单起见，这里我将采用单个存取时间。

4　由活跃器件构成的存储寄存器

存储寄存器可以由活跃器件构成。它们的存取时间最短，也最昂贵。这种寄存器与其存取设备一起，构成一个至少包含四个真空管（或者用固态器件，但数量少不了多少）的电路，用于处理一个二进制数字（或正负号）。因此，对于每个十进制数字，所用的真空管等器件数量至少是一个二进制数字的四倍。由此可知，对于前述的十二位十进制数字（加上正负号）的计数系统，通常需要 196 个真空管寄存器。同时，这类寄存器的存取时间为一到两倍的基本反应时间——与其他各种可能性相比，这个时间已经非常快了。此外，出于某些经济考虑因素，可以将多个存储寄存器集成在一起。任何情况下，其他类型存储器都需要它们作为"输入"和"输出"访问器件；然后需要一两个（在某些设计中甚至达到三个）作为算术器件的一部分。综上所述，在中等数量的情况下，它们比人们最初预期的更经济；在某种程度上，

它们还是计算机其他器件的附件。然而，它们似乎并不
适合作为大容量存储器，而这种大容量存储器是几乎所
有大型计算机所必需的。最后这项观察结论仅适用于现
代计算机，即真空管时代及其之后的计算机。在此之前
的继电器型计算机，由于使用继电器作为活跃器件，所
以主要的存储器形式是继电器寄存器。因此，在接下来
的讨论中，我所提出的计算机都应被理解为现代计算机。

5　存储器的分级原理

要想扩展存储器容量，就必须采用其他类型的存储
器。这时我们要用到存储器的"分级"原理。这一原理
的意义如下所示。

为使计算机能够正确地运行以解决预期的问题，一
台计算机可能需要一定数量的存储容量，例如需要存储
N个字，需要占用一定的存取时间（比如 t）。目前要在
存取时间 t 的时间间隔内提供 N个字，这在技术上可能
很困难，或者说经济上非常昂贵（技术上的困难往往也
表现为费用不菲）。但是，在多数情况下我们可能不需要

在这个存取时间 t 里读写所有的这 N 个字，而是在存取时间 t 内仅需读写相当少的字，比如 N' 个字。此外，还可能存在这样一种情况：一旦在存取时间 t 提供了 N' 个字后，整个 N 个字的容量仅在较长的存取时间 t'' 时才需要。如果沿这个方向继续分析下去，就会进一步看到这样的情形：在长于 t 但短于 t'' 的存取时间内，提供某种中等水平（小于 N 但大于 N'）的存储容量可能是最经济的。这方面最普遍的方案是：提供一系列容量 N_1，N_2，……，N_{k-1}，N_k 和一系列存取时间 t_1，t_2，……，t_{k-1}，t_k，以便使这些容量的划分变得更加精确，而存取时间的划分则较宽松；从而构成两个递进序列，即 $N_1 < N_2 < \cdots < N_{k-1} < N_k$ 和 $t_1 < t_2 < \cdots < t_{k-1} < t_k$，对于每一个 $i = 1$，2，……，$k-1$，k，在存取时间 t_i 所需的容量为 N_i。（为了使这两个对应序列与我们前述的一致，我们必须假定 $N_1 = N'$，$t_1 = t$，$N_k = N$，$t_k = t''$。）在此方案中，i 的每一个值都表示存储器分级中的一个层级，而整个分级中有 k 个这样的层级。

6 存储元件与存取问题

在一台大型现代高速计算机中，存储器层级结构的所有层级将至少有三个，当然也可能是四个或五个这样的层级。

第一级总是对应于前面提到的寄存器。他们的数目（N_1）几乎在任何计算机的设计中至少有 3 个，有时甚至更高（偶尔有高达 20 个的情形）。存取时间 t_1 是计算机的基本切换时间（或可能是该切换时间的两倍）。

分级中的第二级总是借助特定存储器件来实现。这些存储器不同于用于计算机其他地方的开关器件（以及分级结构第一级所用的器件）。目前用于这一层级的存储器通常具有存储容量 N_2，范围从数几千字到数万字不等（数万字这样的大小目前仍处于设计阶段）。存取时间 t_2 通常是前一个级别 t_1 的 5 ～ 10 倍。更高的层级通常相当于每增加一级，存储器容量 N_i 增大 10 倍。存取时间 t_i 也变得更快，但在这里，对存取时间还存在其他限制条件和限定规则的干预。对这一主题的详细讨论需要一定程度的细化，但目前似乎还没有这个必要。

最快的存储单元，一些专门的存储器件（即非活跃器件，见前文），是由某些静电装置和磁芯阵列构成的。后一种技术的使用率似乎明显在上升，尽管其他技术（静电、铁电等）也可能重新起用。但对于后面层级的存储器，目前主要采用磁鼓和磁带，也有建议采用磁盘的，并对此有零星的探索。

7　存取时间概念的复杂性

上面最后提到的这三种器件都要受到特定的存取规则和限制的制约。磁鼓存储器连续和周期地显示其所有各部分以供访问；磁带的存储容量实际上是无限的，但它是以固定的线性逐次显示其各部分，在需要时它可以停止和倒行。所有这些器件都可以与各种排列结合起来，以提供计算机操作与固定存储器序列之间特殊的同步。

任何存储器分级结构的最后一级都必然是外部世界，也就是计算机所涉及的外部世界，即计算机可以直接与之通信的那个世界，换句话说，就是机器的输入和输出

器件。这些器件通常是穿孔纸带或卡片；在输出端，则
是打印纸。有时计算机的最终输入输出系统是磁带，然
后再将它翻译到人类可以直接使用的介质上，即机器之
外的穿孔纸带或打印纸。

以下是一些存取时间的绝对值：对于现有的铁磁磁
芯存储器，5 ~ 15 微秒；对于静电存储器，8 ~ 20 微秒；
对于磁鼓，2500 ~ 20000 转 / 分，即每转 24 毫秒至 3 毫
秒，在这个时间上可输入 1 ~ 2000 个字；对于纸带，速
度可达 70000 行 / 秒，即 14 微秒扫一行，一个字可以由
5 ~ 15 行组成。

8　直接寻址原理

所有现代计算机和存储器都采用"直接寻址"，也
就是说，存储器中的每一个字都有一个对应它的数字地
址，用来唯一描述它和它在存储器（所有层级的总集合）
中的位置。在读取或写入存储器字时，总是明确指定该
字的地址。有时并非存储器的所有部分都可以同时访问，
也可能存在多个存储器，而并非所有存储器都可以同时

访问，并对访问优先级做出某些规定。在这种情况下，
对存储器的访问取决于请求访问时计算机的普通状态。
然而，地址和它指定的位置永远都不会含混不清。

第二部分　人脑

　　到目前为止的讨论为我们接下来的比较提供了基础，而这一比较正是本书的目的。我已经详细描述了现代计算机的本质，以及它们可以被组织起来的广泛的替代原理。现在，我们可以进行另一项比较，即计算机与人类神经系统的比较。我将讨论这两种"自动机"之间的相似点和不同点，并将相似点引入已知领域。至于那些不同点，它们不仅在尺寸和速度方面差异明显，而且还表现在某些更深层次的领域：它们所涉及的运行和控制原理、总体组织等。我的主要目的，是探讨其中的某些方面。然而，为了正确地理解它们，我们需要将它们与相似点以及更表面的不同点（比如大小、速度等）等并列和结合起来看。因此，我们的讨论也必须相当重视这些方面。

第8章

神经元功能简述

————————————

关于神经系统最直接的观察可知，其功能从表面上看是数字型的。为此，我们有必要更全面地讨论这个事实，以及其论断所基于的结构和功能。

神经系统的基本组成部分是神经细胞，即神经元，而神经元的正常功能是产生和传播神经冲动。这个冲动是一个相当复杂的过程，表现出许多不同方面的特性——电学、化学和机械。然而，它似乎又是一个十分独特的有明确规定的过程，也就是说，在所有条件下其表现几乎完全相同；它代表了对相当广泛的刺激的一种基本上可重复的统一反应。

接下来我将更详细地讨论这一点，即神经冲动的这些方面，它们似乎与我们当前讨论的内容有关。

第9章

神经冲动的性质

神经细胞由一个细胞体组成，从这个细胞体直接或间接产生一个或多个分支，这种分支叫作细胞的轴突。神经冲动①是一种持续的变化过程，它通常以固定的速度（这可能是神经细胞的一种功能）沿着每根轴突传播。如上所述，这个神经冲动可以从多个方面来审视。从其特征上看，它无疑是一种电扰动。事实上，人们对它最常见的描述就是电扰动。这种扰动的电位通常是50毫伏左

---

① 在本章和后续章节，神经冲动和脉冲都指称同一个事实。单指生物过程时用前者，意欲与物理电脉冲做类比时用后者。——译者注

右，持续时间约为 1 毫秒。在这种电扰动的同时，轴突
也发生着化学变化。因此，在脉冲电位通过的轴突区域，
细胞内液体的离子组成发生变化，轴突壁（即细胞膜）
的电化学性质（电导率、渗透性）也发生了变化，在轴
突的末端，这种变化的化学特性更加明显。在那里，当
脉冲到达时，会出现一些特殊的、有标志性的物质。最
后，可能还有机械方面的变化。事实上，细胞膜的各种
离子渗透性的变化很可能只有通过其分子的重新定向，
即通过所涉成分的相对位置的机械变化来实现。

应当补充说明的是，所有这些变化都是可逆的。换
句话说，当冲动过去后，轴突及其所有组成部分的所有
条件都会恢复到原来的状态。

由于所有这些效应都发生在分子尺度上——细胞膜
的厚度大约为十分之几微米（即 10^{-5} 厘米量级），这正是
这里所涉及的有机大分子的分子尺度——因此上述电效
应、化学效应和机械效应之间的区别并不像最初看起来
的那么明确。事实上，在分子尺度上，所有这些变化之
间没有明显的区别：每一种化学变化都是由分子内的作

用力的变化引起的，而这种作用力的变化取决于分子相对位置的变化，也就是说，这是一种机械位移引起的过程。此外，每一种分子内的机械位移变化都会改变所涉分子的电学性质，从而引起电学性质和相对电位水平的改变。综上所述，在通常（宏观）尺度上，电学、化学和机械过程可以保持明显的区别。然而，在神经膜的近分子水平上，所有这些方面都趋向于融合。因此，神经冲动成为可以从上述三方面的任何一个方面来观察的现象，也就很正常了。

1 刺激的过程

前面所述内容已经充分体现出神经脉冲是可以比较的——不管它是如何被诱发出来的。由于它们的特性并不是一种可明确定义的特性（我们既可以从电学的角度来看，也可以从化学的角度来看），因此它的诱因既可以是电学性质的，也可以是化学性质的。而且，在神经系统内，神经冲动主要是由一个或多个其他神经冲动引起的。在这种情况下，其诱发过程——神经冲动的刺激——既可能成功，又可能失败。如果失败了，一开始就会产生一个短暂的扰动，但几毫秒过后，这个扰动就消失了。随后没有扰动沿着轴突传播。如果成功的话，那么扰动很快就呈现出一种（几乎）标准的形式，并且以这种形式沿着轴突传播。也就是说，如前所述，一个标准的神经冲动将沿着轴突运动，其外观将合理地独立于诱发它的过程的具体细节。

神经冲动的刺激通常发生在神经细胞体内或其附近。冲动的传播（如前所述）沿着轴突。

2　刺激的机制及其数字特性

现在我回到这个机制的数字特性上。神经脉冲可以在前述意义上被清楚地看作（二值）记号：没有脉冲代表一个值（例如，二进制数字 0），而有脉冲则代表另一个值（例如，二进制数字 1）。当然，这必须当作在特定轴突（或者更确切地说，在特定神经元的所有轴突）上发生的现象来理解，并且可能在特定时间内与其他事件相关。因此，它们可以被解释为起着特定逻辑作用的记号（二进制数字 0 或 1）。

如前所述，（出现在特定神经元的轴突上的）脉冲通常由撞击到该神经元细胞体上的其他脉冲触发。一般来说，这种触发是有条件的，即只有这种初级脉冲的某些组合和同步才能触发所涉的次级脉冲，所有其他的脉冲都不能引起这种激励。也就是说，神经元是一个接受并发出明确物理实体（脉冲）的器件。一旦它接收到某些特定组合和同步的脉冲，它就会被刺激发出自身的脉冲，否则它将不会发出脉冲。描述它会对哪些脉冲群做出响应的规则，同时也是支配它作为一个活跃器件的规则。

显然，这是对数字计算机中器件功能的描述，同时它也描述了刻画数字器件的作用和功能的方式。因此，它证明我们最初的断言的合理性，即神经系统具有明显的数字特性。

我要对"明显的"这个限定词再多说两句。这个描述有点理想化和简单化，这一点我们将在后文讨论。如果把后文讨论的因素考虑进来，那么神经细胞的数字特性就不再那么清晰和明确了。但不管怎样，上述强调的特性是非常明显的。因此，正如我在这里所做的那样，我们通过强调神经系统的数字特性来开始讨论似乎是恰当的。

3　神经反应、疲劳和恢复的时间特性

但是，在讨论这个问题之前，我们有必要对有关神经细胞的大小、能量需求和信号传递速度等方面依次做些定向评论。当与主要的比较对象——现代逻辑和计算机器的典型的活跃器件——进行比较时，这些分析将特别有启发性。当然，这些活跃器件是指真空管和（最近的）晶体管。

我前面说过，对神经细胞的刺激通常发生在其细胞体上或附近。实际上，一个完全正常的刺激沿着轴突进行也是可能的。也就是说，当我们在轴突的某一点上施加适当的电位或适当浓度的化学刺激物时，会在那里引发一种扰动，这种扰动会很快发展成一种标准脉冲，从被刺激的点沿轴突向上和向下移动。实际上，上述"通常的"刺激主要发生在一组从细胞体延伸出的距离很短

的分支上，这些分支除了尺寸较小外，其本质上就是轴突本身。刺激从这些分支传播到神经细胞体，然后再传播到正常的轴突。顺便一提，这些刺激受体叫作树突。来自另一个脉冲（或一组脉冲）的正常刺激，会从传播这个脉冲的轴突的特殊末端发射出来，这个末端叫作突触。（一个脉冲是否只能通过突触来刺激，或者在沿轴突传播时，它是否可以直接刺激另一个非常靠近的轴突，不需要在这里进行讨论。但这些现象有利于我们假设：这种短路过程是可能的。）跨突触刺激的时间几倍于 10^{-4} 秒，这一时间被定义为脉冲到达突触与受激神经元的轴突的最近点上出现受激脉冲之间的时间间隔。然而，当我们将它看成是逻辑计算机的活跃器件时，这并不是定义神经元反应时间的最重要的方法。原因是，在受激脉冲形成并变得明显后的瞬间，受激神经元还没有立即恢复到它最初的前刺激状态。这时的状态被称为疲劳，即此时神经元还不能立即接受另一个脉冲的刺激并以标准方式做出反应。从经济的角度来看，在一个刺激引发一个标准反应的一定时间之后，另一个刺激也会引发一个标准反应，这才是一个更重要的速度衡量指标。这个间隔时间大约为 1.5×10^{-2} 秒。从这些数据中可以清楚地看出，实际的跨突触刺激只需要这个时间的 1% 或 2%，其余时间代表恢复时间，在此期间，神经元从疲劳、中等水平的后刺激状态恢复到正常的前刺激状态。需要注意的是，从疲劳中恢复是一个渐进的过程——神经元已经在某个较早的时间（大约 1.5×10^{-2} 秒后）以非标准的方式做出反应，即它将产生一个标准的脉冲，但只是对明显强于标准条件下所需的刺激做出反应。这种情况有着广泛的意义，我以后再谈。

因此，神经元的反应时间取决于人们是如何定义它的，其范围大约在 $10^{-4} \sim 10^{-2}$ 秒之间，而更重要的定义是后者。与此相比，用在大型计算机中的现代真空管和晶体管的反应时间则在 $10^{-6} \sim 10^{-7}$ 秒之间。（当然，在这里我也允许用完全恢复时间；在这段时间后，所讨论的器件回到其前刺激状态。）也就是说，在这方面，我们的计算机器件远远领先于对应的人脑器件，速度要快大约 $10^{4} \sim 10^{5}$ 倍。

就尺寸而言，事情就显得相当不同了。对于尺寸的比较我们有各种各样的方法，但最好还是一个个地进行评估。

4　神经元的大小以及与计算机器件的比较

神经元的线性大小在不同神经细胞之间的差异很大，因为其中一些细胞被包含在紧密结合的大聚集体中，其轴突非常短；而另一些细胞则需要在人体较远的部分之间传导脉冲，从而可能具有与整个人体线度相当的线性伸展。一种能够获得明确而显著对比结果的比较方法，是将神经细胞的逻辑活动部分与真空管或晶体管的逻辑活动部分进行比较。神经细胞的逻辑活动部分就是细胞膜，如前所述，其厚度大约为几倍于 10^{-5} 厘米。对于后者，可陈述如下：在真空管的情况下，它是栅极到阴极的距离，大小从 10^{-1} 厘米到几倍于 10^{-2} 厘米不等；在晶体管的情况下，它就是所谓的"晶须电极"（非欧姆电极——"发射极"和"控制极"）之间的距离，再考虑到这些子成分的直接、活跃的环境而折叠了 3 次，因此其

线度相当于不到 10^{-2} 厘米。因此就线性尺寸而言，人脑器件似乎领先于计算机器件大约 10^3 倍。

接下来，我们可以对体积进行比较。中枢神经系统占据（大脑中）大约 1 公升量级的空间，即 10^{3w} cm^3。这个系统中所包含的神经元的数量通常估计为 10^{10} 个或更多。因此每个神经元所占体积大约为 10^{-7} cm^3。

真空管或晶体管的密度也可以估计出来，虽然不是绝对明确的。很显然，采用封装密度的比较（无论从比较的哪一边看）要比单个器件的实际体积之间的比较更能衡量出尺寸效率。采用现在的技术，几千个真空管的集合体肯定会占到几十立方英尺①的体积；对于晶体管来说，达到同样效果的体积大约是几立方英尺。用晶体管的量级作为我们今天所能达到的最佳水平，那么几千个活跃器件的整个封装体积就是 10^5 cm^3 的量级，即每个活跃器件大约占 $10 \sim 100$ cm^3 的体积。由此可见，人脑器件在体积要求方面要比计算机器件领先 $10^8 \sim 10^9$ 倍。为

---

① 1 英尺 ≈ 0.3 米。——编者注

了与线性尺寸的估计值进行比较，我们将上述值开立方。
$10^8 \sim 10^9$ 的立方根是（$0.5 \sim 1$）$\times 10^3$，这与上面用直接
方法得到的二者相差 10^3 的结果是一致的。

5　能耗以及与计算机器件的比较

最后，我们来进行能量消耗的比较。逻辑活跃器件
本质上是不做功的：它产生的受激脉冲不会比激励它的
脉冲需要更多的能量，而且在任何情况下，这些脉冲能
量之间都没有内在和必然的联系。因此，所涉及的能量
几乎完全被耗散掉了，即转化为热量而不做相关的机械
功。因此，所需的能量实际上就是能量的耗散量，我们
不妨谈谈这种器件的能量耗散。

人类中枢神经系统（大脑）的能量耗散大约为 $10\,\mathrm{W}$。
正如上面所指出的，这里涉及的是 10^{10} 个神经元，这意
味着每个神经元的能耗为 $10^{-9}\,\mathrm{W}$。真空管的典型能耗是
$5 \sim 10\,\mathrm{W}$。晶体管的典型能耗可能只有 $10^{-1}\,\mathrm{W}$。因此，
在能耗上人脑器件胜过计算机器件大约 $10^8 \sim 10^9$ 倍，这
个倍数与上述在体积要求方面出现的倍数相同。

6　比较结果小结

综上所述，在大小上，人脑器件似乎要优于计算机器件大约 $10^8 \sim 10^9$ 倍。这个倍数是从线度的三次方比较得到的，通过体积比较和能量耗散比较得到的也是这个倍数因子。与此相反，在速度上，计算机器件要比人脑器件快大约 $10^4 \sim 10^5$ 倍。

在这些定量评估的基础上，可以得出某些结论。当然，我们必须记住，这个讨论仍然非常表面，因此，随着讨论的进一步深入，这里得出的结论很可能会被修改。但不管怎样，总结出如下一些结论似乎是值得的。

第一，在同一时间间隔内，就同样总体积（由等体积或等能耗定义）下可动作的活跃器件的数量来说，人脑器件要比计算机器件高出 10 倍。这个倍数是上述两个倍数的商，即 $10^8 \sim 10^9$ 除以 $10^4 \sim 10^5$。

第二，相同倍数表明，人脑器件倾向于采用数量较多但速度较慢的自动机工作模式，而计算机器件倾向于采用数量较少但速度较快的工作模式。因此可以预料，一个有效组织起来的大型天然自动机（如人类神经系统）将倾向于同时收集尽可能多的逻辑（或信息）项并同时予以处理；而一个有效组织起来的大型人造自动机（如大型现代计算机）则更倾向于按排序工作——一次做一件事，或者至少不是同时做那么多事情。也就是说，大型高效天然自动机（人脑）很可能是高度并行的，而大型高效人造自动机（计算机）则往往不是这样，它是串行的。（关于并行和串行的一些内容。）

　　第三，我们应该注意的是，并行运算和串行运算不能无条件地相互替代。这也是我们要使上述第一点论述完全有效所必须要求的，这就是说，我们不能简单地用一个表示大小优势的因子去除以表示速度劣势的因子，就能获得一个（效率上的）"优势系数"。更具体来说，并非所有的串行运算都可以立即转换成并行，因为某些运算只能在其他运算之后执行，而不能与后者同时执行（即它们必须使用后者的结果）。在这种情况下，从串行方案到并行方案的转换是不可行的。要使其可行，就必须在程序的逻辑思路和组织上有同时的改变。相反，要想使并行过程串行化，就需要对自动机施加新的要求。具体地说，它几乎总是会带来新的存储需求，因为先进行的运算的结果必须存储起来以备后续运算使用。因此，天然自动机（人脑）的逻辑方法和结构可能与人造自动机（计算机）的逻辑方法和结构大不相同。而且，从整个系统看，后者对存储的需求可能会比前者更重。

　　在接下来的内容里面，我们还将再次用到上述这些观点。

第 10 章

刺激标准

1 最简单的初等逻辑

现在我可以转向讨论在前述神经活动中所包含的理想化和简单化问题了。我在那里指出过存在这些情况，并指出对那些被简化的内容做出评估并不是微不足道的。

如前所述，神经元的正常输出是标准的神经脉冲。它可以由各种形式的刺激引起，包括来自其他神经元的一个或多个脉冲的到达。其他可能的刺激物既包括外部世界的各种现象——特定的神经元对这些现象（光、声音、压力、温度等）特别敏感，也包

括生物体内神经元所在点的物理和化学变化。我们
首先讨论第一种刺激形式——由其他神经脉冲引起的
刺激。

此前我说过，这种特殊机制——通过其他神经脉冲
的适当组合引起的神经脉冲刺激——使得神经元可以与
典型的基本数字计算机活跃器件相媲美。我们可以这样
来进一步阐述这一点：如果一个神经元（通过其突触）
与另外两个神经元的轴突接触，并且如果它的最小刺激
需求（即引起一个响应脉冲的刺激阈值）等同于那两个
（同时）传入脉冲的最小刺激需求，那么这个神经元实
际上就是一个"与"运算器件：它执行的是合取的逻辑
运算（文字上写作"与"），因为它只在两个刺激物（同
时）激活时才做出响应。另一方面，如果最低要求仅仅
是（至少是）某个脉冲的到达，那么这个神经元就是一
个"或"运算器件，即它执行的是析取的逻辑运算（用
"或"表示），因为当它的两个刺激物中的任何一个激活
时，它都会做出响应。

"与"和"或"是两种基本逻辑运算。它们与"非"

（否定的逻辑运算）一起构成一组完整的基本逻辑运算——所有其他的逻辑运算，无论多么复杂，都可以通过这些基本运算的适当组合来获得。这里我不讨论神经元如何模拟"否"运算，或者通过什么技巧可以完全避免使用这个运算。以上这些足以说明我之前已经强调过的一点，如果我们这样看待，神经元就可以看作是一种基本逻辑器件——也可以看成是基本的数字计算机器件。

2　较复杂的刺激标准

然而，这是对现实的简化和理想化。通常，实际的神经元不是简单地按照它们在系统中的位置来组织的。

有些神经元确实只有一两个（或者少数几个）可与其他神经元相互作用的突触。但更常见的情况是，一个神经元的细胞体有许多与其他神经元的轴突相联系的突触。有时甚至可见，一个神经元的几个轴突在另一个神经元上形成突触。因此，可能的刺激物有很多形式，而且可能有效的刺激模式要比上述简单的"与"和"或"方案有更复杂的定义。如果有许多突触作用在一个神经细胞上，那么这个神经细胞最简单的行为标准就是，只有当它接收到最低数量的（同时过来的）神经脉冲（当然多多益善）时才会做出响应。然而我们有理由假设，实际甚至比这更复杂。可能存在这样的情形，某些神经脉冲组合刺激一个特定的神经元，不仅是因其数量，而且还借助于它们到达的那些突触的空间关系。也就是说，我们可能不得不面临这样的情形：一个神经细胞上有数百个突触，作用在这些突触上的有效（即能在上述神经元中产生响应脉冲）的刺激组合，不仅需要用它们的数量来刻画，而且还需要用它们在该神经元上特定区域（在其细胞体上或其树突系统上）的覆盖状况来刻画，通过这些区域相互之间的空间关系，以及可能相关的更复杂的定量和几何关系来刻画。

3　阈值

如果刺激有效性的标准就是上面提到的最简单的标准：同时存在最小数量的刺激脉冲数，那么这个最小要求的刺激就被称为相关神经元的阈值。通常我们就是根据这一标准（即阈值）来讨论给定神经元的刺激需求。然而必须记住的是，我们并不能确定刺激需求就只有这一如此简单的特性，它可能有比仅仅达到上述阈值（即同时给予刺激的最小突触数量）更复杂的关系。

4　总和时间

除此之外，神经元的特性还可能表现出其他的复杂性，而这些复杂性并不仅仅是用标准的神经脉冲的"刺激－反应"关系就能描述的。

因此无论何处，上述"同时性"既不是也不意味着实际的、确切的同时性。在每一种情况下，它都有一个有限的宽限期——一段总和时间，使得在这一时间段内到达的两个脉冲看上去仍像是同时的。实际上，事情可能比这更复杂——这个总和时间可能不是一个明确的概念。有时甚至是在前一个脉冲过去稍长一段时间之后这个脉冲仍可以与后一个脉冲相加，只不过前后相隔时间越长，可相加的成分越低。由于其长度的原因，脉冲序列的整个时长要比前后两个脉冲的求和时间更长，但只要在极限范围内，它们可能产生的影响就会比个体效应更大。疲劳及其恢复现象的各种叠加也会使神经元处于异常状态，即其响应特性与标准状态下的不同。所有这些情况，在观察上都已有一定的（尽管或多或少是不完整的）证据，它们都表明：至少在适当的特定情况下，单个神经元有着一种复杂的响应机制，这种机制要比遵循简单的基本逻辑运算模式所做出的"刺激－反应"的教条性的描述复杂得多。

5　受体的刺激标准

关于其他神经元的输出（神经脉冲）以外的因素对神经元的刺激，这里只需说明几点（特别是目前的语境下）。如前所述，这些因素是外界（即有机体表面上）所发生的现象，神经元对这些现象（光、声音、压力、温度等）特别敏感，神经元所处位置的有机体内也会因此发生物理上和化学上的变化。我们通常将那些其组织功能是对第一类刺激做出反应的神经元称为受体。然而，最好是将所有对神经脉冲以外的刺激能做出反应的神经元都称为受体，并通过指定为外部受体或内部受体来将它们区分为第一类或第二类。

考虑到所有这些情况，我们再次面临如何定义刺激标准的问题，即在什么条件下来定义神经脉冲的刺激将发生。

最简单的刺激标准同样也可以用阈值来表示，就像之前讨论过的神经脉冲刺激神经元的情况一样。这意味着刺激有效性的标准可以用刺激物的最小强度来表示，它包括：外部受体可感知的最低光强、一定频率间隔内所包含的最小声强、最小过压压强、最小温升等，以及内部受体可感知的最低化学试剂浓度变化或相关物理参数值的最小变化等。

然而应当注意的是，阈值型刺激标准并不是唯一可能的标准。以光为例，似乎许多神经元都参与到对光照的变化（在某些情况下是从亮到暗，在其他情形下是从暗到亮）做出反应，而不是当光照强度达到某种程度才做出反应。可能这种反应不是单个神经元的反应，而是更复杂的神经元系统整体对外的神经元输出。这里我就不深入讨论了，仅指出一点就足够了：现有的证据倾向于表明，就受体而言，阈值型刺激标准并不是神经系统中唯一采用的标准。

现在，我再讨论前面提到的典型例子。众所周知，在视觉神经中，某些视觉纤维不是对任何特定（最低）强度的光都有反应，而只对某种强度的光的变化有反应。例如，某些视觉纤维是光从暗到亮的通道，而另一些视觉纤维则是光从亮到暗的通道，即只对光变暗有反应。换言之，是光强度的增减，即光强度的微分大小，而不是光强度本身的大小，提供了刺激标准。

现在，我们不妨就神经系统的这些"复杂性"在其功能结构和功能上的作用说几句。我们当然可以想象，这些复杂性根本不起任何有用的功能性作用。但如果指出它们可能会起着怎样的作用可能更有意思，下面就说说这些可能性。

可以想象，在基本上是数字化组织的神经系统中，上述复杂性起着模拟或至少是"混合"的作用。有些人认为，通过这些机制更为深奥、无处不在的电效应可能会对神经系统的功能产生影响。这可能是因为，某些普通性质的电位会以这种方式起重要作用，并且系统是对这样一些电位理论问题的解做出响应，这些问题比人们通常用数字标准、刺激标准等所描述的问题更不那么直接和基本。由于神经系统的特性可能主要是数字型的，因此这些效应如果是真实的话，就可以与数字效应相互作用，也就是说，这将是一个"混合系统"的问题，而不是一种真正的模拟系统。一些研究者在这些方向已有种种推测，大家在一般文献中肯定可以查到他们的这些观点，因此在这里我就不再详细讨论这些问题了。

然而，应该说的是，所有这种类型的复杂性都意味着，就我们迄今为止所实践的基本活跃器件的计数而言，神经细胞不仅仅是一个基本活跃器件，在计数上任何有意义的努力都必须认识到这一点。显然，即使是采用更复杂的刺激标准，也都存在这种效应。如果神经细胞的应激反应是通过其细胞体上某些突触组合的刺激而不是其他刺激来激活的，那么对这种基本活跃器件的有意义的计数大概就应是对突触的计数，而不是对神经细胞的计数。如果进一步考虑到上述"混合"现象的出现，那么这些计数就将变得更加困难。用突触计数来代替神经细胞计数的必要性已经使基本活跃器件的数量增加了一个相当大的倍乘因子，比如 10 ～ 100 倍。这一点，以及类似的情况，在考虑基本活跃器件的计数问题时应当做到心中有数。

当然，这里提到的所有复杂性也许都是无关的，但它们也可能赋予系统一种（部分的）模拟特性，或者说"混合"特性。不管怎样，这些复杂性都会增加基本活跃器件的计数，如果这种计数是根据任何重要的标准进行的话，这个增量可能是一个 10 ～ 100 的倍乘因子。

第 11 章

神经系统的记忆问题

———————

　　到目前为止的讨论还没有考虑到这样一个组成部分，它在神经系统中的存在是非常可信的，如果不说是肯定的话——它在迄今为止所建造的所有计算机中都起着至关重要的作用，故其意义可能是原理上的，而非偶然的，它就是记忆[①]。因此，现在我将讨论神经系统的这个组成部分，或者更确切地说是讨论其子组件。

　　如前所述，记忆，或者说——这并非不可能——多

———————

[①] 记忆（memory）在计算机领域又指存储器（内存），因此这个词在这里具有双重含义。——译者注

个记忆组件，在神经系统中的存在是一种猜测和假设性的问题，但是我们在人造自动机（计算机）方面的所有经验都表明并证实了这一点。因此，从一开始我们就认为，关于这个组件（或子组件）的性质、实施方式和位置的所有物理断言同样都是一种假设。从物理观察的角度看，我们不知道记忆位于神经系统的什么位置；我们也不知道它是一个单独的器官，还是其他已知器官某些特定部分的集合。它很可能存在于某个特定的神经系统中，而这个系统必然是一个相当大的系统。它还很可能与身体的遗传机制有关。在这些方面我们和古希腊人一样，对它的本质和地位一无所知，就像古希腊人怀疑心灵处于横膈膜中的某个位置一样。而我们唯一知道的是，心灵一定是一个容量相当大的记忆库，而且很难想象，像人类神经系统这么复杂的自动机如果没有它将如何运作。

1 神经系统记忆容量的估值原理

现在我就这个记忆可能具有的容量谈几句。

对于人造自动机（计算机），有相当一致的标准方法来给存储器（记忆）分配"容量"，并且将这些方法扩展到神经系统中似乎也是合理的。一个存储器可以保存一定的最大信息量，并且这些信息总是被转换成二进制数字——"位（bit）"——的集合。因此，一个能容纳 1000 个十进制的 8 位数的存储器必须配给一个 $1000 \times 8 \times 3.32$ 位的容量，因为一位十进制数大约等于 $\log_2 10 \cong 3.32$ 位。（这种记法是香农在他经典的信息论著作中确立的。）很明显，一个十进制的三位数必然相当于大约（二进制的）十位，因为 $2^{10} = 1024$ 大约等于 10^3。（这样，一个十进制数字大约对应于 $10/3 \cong 3.33$ 位。）因此，上述容量计数给出了 2.66×10^4 位的结果。通过类似的论证可知，一个印刷体字符或一个打字机字符表中的字符所表示的信息容量可以这么计算：首先我们有 $2 \times 26 + 35 = 87$ 种可选方式（其中 2 表示字母是大写或小写的两种可能性，26 表示字母表中的字母数，35 表示标点符号、数字符号和间隔号等通常符号数的总和），因此其所含信息容量为 $\log_2 87 \cong 6.45$ 位。这

样，如果一个存储器（例如）可以容纳 1000 个这样的
字符的话，那么其容量为 $6450 = 6.45 \times 10^3$ 位。按照
同样的思路，对于更复杂的信息形式——例如几何图
形（当然，需要指定精度和分辨率）、颜色的细微差
别（与前面条件相同）等——所对应的记忆容量，我
们也可以用标准单位——"位"来表示。因此，拥有所
有这些组合的记忆的容量可以简单地利用加法法则来
计算。

2　运用这些规则来估计记忆容量

现代计算机所需的存储器容量通常为 $10^5 \sim 10^6$ 位。
据推测，神经系统功能所必需的记忆容量似乎要比这大
得多，因为如上所述的神经系统是一个比我们所知道的
人造自动机（如计算机）大得多的自动机。而要推测记
忆的容量到底应该比上面引用的 $10^5 \sim 10^6$ 的数字大多少
这很难判断。但这并不妨碍我们对此得出一些粗略的定
向估计。

一个标准的受体似乎每秒能接受大约 14 个不同的

数字印象，我们可将它看成是相同的位数。假设有 10^{10} 个神经细胞，并假设其中每个神经细胞都处于合适的条件下，那么一个（内部或外部）受体的总输入基本上为 14×10^{10} 位 / 秒。我们进一步假设（对于这个假设，已经有一些证据），神经系统中并不存在真正的遗忘，那些接收到的印象可能只是从神经活动的重要区域（即注意力中心）被转移到了别的地方，而不会真正被抹去。由此我们可以对正常人一生所接收的信息量做一个估计。如果一个人的一生按 60 年计，那么就是 2×10^9 秒左右，故按上述规定，整个人一生的信息输入量所需的总记忆容量为 $14 \times 10^{10} \times 2 \times 10^9 = 2.8 \times 10^{20}$ 位。这个数字远远大于 $10^5 \sim 10^6$（即现代计算机具有的典型的有效存储容量），但超出这个数字也不是不合理，因为之前我们已经知道，神经系统的基本活跃器件的数目就存在相应的超出。

3　记忆各种可能的物理体现方法

关于这种记忆在物理上如何体现的问题仍未解决。为此，许多研究者提出了不同的解决方案。有人提出，假设不同神经细胞的阈值——或者更广泛地说，刺激标准——是随时间变化的，即阈值是细胞过往历史的函数。那么频繁使用神经细胞可能会降低其阈值，即减轻其刺激的需求。凡此种种，如果是真的，那么记忆将处在刺激标准的可变性之中。这当然是其中的一种可能，但我不打算在这里讨论这些内容。

上述想法的一种更激进的表现，是假设神经细胞之间的连接即传导轴突的分布，是随时间的变化而变化的。这将意味着可能存在以下的事物状态。可以想象，轴突的长时间不使用可能会使其在之后的使用中失效。另一方面，对轴突非常频繁（比正常情况下更频繁）的使用则可能会在特定路径上产生一种代表较低阈值（一个促进性的刺激标准）的联系。同样，在这种情况下，神经系统的某些部分在时间上和以前的历史上都是可变的，因此，它们本身就代表一种记忆。

另一种明显存在的记忆形式是细胞体的遗传部分：染色体及其组件基因。这二者显然可以视为记忆元素，它们的状态影响到——并在一定程度上决定了——整个系统的功能。因此，也有可能存在所谓的基因记忆系统。

还有其他形式的记忆，其中有些是很有道理的。例如，身体某些部位的化学成分的某些特征可以自我延续，因此也可以看作是记忆元素。如果考虑到遗传记忆系统，那么我们应该考虑这种类型的记忆，因为存在于基因中的自我延续、保持不变的特性显然也可以定位在基因之外，即定位于细胞的其余部分。

我不讨论所有这些可能性以及还有的其他许多（可以平等地考虑的）可能性了。后者在某些情况下甚至具有更大的可能性。这里我只想申明一点：尽管我们还不能将记忆定位在某个特定的神经细胞集合上，但目前确实已经提出了各种可能性，作为记忆的物理体现，它们都有不同程度的合理性。

4　与计算机类比

最后，我想说的是，神经细胞系统以各种可能的周期性方式相互刺激，也构成了记忆。这些记忆是由活性元素（神经细胞）组成的。我们在计算机中经常大量使用这种存储器。事实上，它们是第一批被实际引入的存储器。在真空管计算机中，"触发器"——那种相互选通并彼此控制的成对真空管——就代表了这种类型。在晶体管计算机中，以及几乎所有其他形式的高速电子技术中，都允许并明确要求采用这些类似触发器的器件，这些器件，就像在早期真空管计算机中所用的触发器一样，都可以用作存储元件。

5 记忆的基本组成成分不必与基本活跃器件相同

然而，必须指出的是，神经系统不太可能采用这种器件作为记忆的主要载体。这种存储器件，即所谓典型的"由基本活跃器件组成的存储器"，在任何意义上都是极其昂贵的。虽然现代计算机技术就是这样发展起来的，例如第一台大型真空管计算机 ENIAC，其主存储器（即最快和最直接可用的存储器）就是专门依靠触发器来工作的，它有一组尺寸非常大的真空管（22000 只），但按照目前的标准来看，它的主存储器的容量非常小（仅由几十个十位数的十进制数字组成）。请注意，后者的容量仅相当于几百位，肯定小于 10^3 位。而在当今的计算机中，计算机大小和存储器容量之间的适当平衡通常要求有 10^4 个基本活跃器件和 $10^5 \sim 10^6$ 位的存储容量。这是通过采用技术上完全不同于计算机的基本活跃器件的存储器形式来实现的。因此，真空管或晶体管计算机可以有位于静电系统（阴极射线管）中的存储器，或位于同等适当排列的大铁磁磁芯聚集体中的存储器。这里我会不列出所有类别，因为其他重要的存储器形式，如声学延迟型、铁电型和磁致伸缩延迟型（这个列表确实还可以增加）等存储器，不太适合这样的分类。我只是想指出，神经系统中的记忆所采用的机制可能与构成基本活跃器件的机制完全不同。

这些方面的问题对于了解神经系统的结构来说是非常重要的，对于这些问题，迄今为止似乎还没有得到解答。我们知道神经系统的基本活跃器官（神经细胞），我们有充分的理由相信神经系统拥有一个容量非常大的记忆，但我们明显不知道这种记忆的基本组件的物理实体是什么类型。

第 12 章
神经系统的数字部分和模拟部分

———————

　　前面已经指出了与神经系统记忆方面相关的深层的、基础的和广泛开放的问题，接下来我们将继续讨论其他问题。在神经系统中，未知的记忆组件还有一个次要方面，关于这个问题我也应该说几句。次要方面是指神经系统的模拟部分和数字（或"混合"）部分之间的关系。我在下面的内容中将先做一个简短而不完整的附加讨论，然后我们再继续讨论与记忆无关的问题。

　　我想做的观察是：如我之前指出的，发生在神经系统上的过程可以反复地从数字特性改变为模拟特性，然后再回到数字特性，如此往复进行。神经脉冲，即这一机制的数字部分，可以控制这一过程的特定阶段，例如特定肌肉的收缩或特定化学物质的分泌。这一现象属于模拟类，但它或许是一系列神经脉冲的起源，这些神经脉冲则是由于被合适的内部受体所感知产生的。当这些神经脉冲产生后，我们就又回到了数字过程中。如上所述，从数字过程到模拟过程，再回到数字过程的这种变化可能会交替几次。因此，神经系统的数字神经脉冲部分，和由于肌肉收缩所引起的化学变化或机械错位的模拟神经脉冲部分，可以相互交替地赋予任何特定过程一种混合的特征。

遗传机制在上述背景下的作用

现在，在上述背景下，遗传现象起着特别典型的作用。基因本身显然是组成数字系统的一部分。但它们的作用是刺激特定化学物质（即特定的酶）的形成，而这些酶则是相关基因的特征，所以属于模拟范畴。因此，这个领域为我们展示了模拟和数字之间交替的一个具体实例，也就是说，基因属于模拟和数字交替类型中的一员，而对于模拟和数字交替类型，我已经在前面总括性地提过了。

第 13 章

代码以及在控制计算机功能中的作用

现在让我们转向记忆之外其他方面的问题。本章主要讨论组织逻辑指令的某些原则，这些原则在任何复杂的自动机运作中都是相当重要的。

首先，让我引入一个在当前讨论中需要用到的术语，即自动机可以执行的逻辑指令系统，称为代码。它能使自动机执行某种有组织的任务。这里的逻辑指令是指像在适当轴突上出现的神经脉冲一样的东西，事实上，任何能使数字逻辑系统（如神经系统）可以重复、有目的地工作的事物都可以成为指令。

1　完整代码概念

当我们在谈论代码时，以下区别就立即变得重要了。一个代码可以是完整的。用神经脉冲的术语来说就是，我们可以规定这些脉冲出现的顺序并给出脉冲的轴突的顺序。当然，这将完全定义神经系统的特定行为，或者在上面的比较中，定义相应的人造自动机（计算机）。在计算机中，这些完整的代码是一组指令，它给出所有必要的规范。从这个意义上说，如果计算机要通过计算来解决一个具体问题，那么就必须通过一组完整的代码来控制它。现代计算机的使用是基于用户为计算机要解决的给定问题而开发和制定出必要的完整代码的能力。

2　短代码概念

相对于完整代码，还存在另一类代码，我们通常称其为短代码。它是基于以下思想产生的。

英国逻辑学家阿兰·麦席森·图灵（Alan Mathison Turing）在 1937 年证明，有可能为计算机开发出一套代码指令系统，使其表现得像另一种特定的计算机（从那时起，各种计算机专家便以各种具体方式将其付诸实践）。这种能使一台计算机模仿另一台计算机行为的指令系统被称为短代码。现在我将比较详细地介绍一下使用和开发这种短代码的典型问题。

正如我在前面指出的，计算机是通过代码控制的，这种代码通常由位串构成的符号序列（通常是二进制符号）组成的。在任何一组控制具体计算机运用的指令中，都必须明确哪些位串是指令，以及它们要让计算机去做什么事。

对于两台不同的计算机，这些有意义的位串不必相同，而且在任何情况下，它们各自导致相应计算机运行的效果可能完全不同。因此，如果为一台计算机安装上另一台计算机所特有的一组指令，那么对于前一台计算机来说，这些指令可能至少有部分是无意义的位串，即不一定全部属于有意义的位串（就第一台计算机而言），或者即使当前一台计算机"服从"这些指令时，它们所执行的也不是用以解决问题的基本、有组织计划的操作。

而且一般来说，它们不会使前一台计算机按有目的的方式来执行可预料的、有组织的任务，即给出具体想要解决的问题的解。

3　短代码的功能

根据图灵的模式，代码要能够让一台计算机表现得像另一台特定计算机一样（使前者模仿后者），那么它就必须做到以下几点。它必须包含（机器能理解并愿意服从的）指令（instructions，代码的进一步细分），它能让计算机去检查其得到的每一条指令（order），并确定后者的结构是否具有适合第二台计算机的指令结构。此外，就第一台计算机的指令系统而言，它还必须包含足够的指令，使该计算机能够采取第二台计算机在相关指令下可能采取的行动。

图灵模式的重要结果是，通过这种方式，第一台计算机可以模仿任何其他计算机的行为。这种使第一台计算机模仿其他计算机的指令结构可能与真正所用的第一台计算机的指令结构完全不同。因此，这里所指的指令结构实际上处理的是比作为第一台计算机的指令性质更复杂的指令：第二台计算机的每一条指令都可能包含第一台计算机要执行的多个运算。它可以包括复杂的迭代过程以及任何种类的多个动作。一般来说，第一台计算机能在任何时间长度内，在任何复杂的、各种可能的指令系统的控制下做任何运算，就好像它只包含"基本"运算，即那些基本的、非复合的原始指令。

　　顺便说一句，将这样一种二级代码称为短代码的原因是有历史意义的。这些短代码是作为一种编码辅助手段而开发的，也就是说它们源于人们希望能够为计算机编写一套比其自身的自然指令系统所允许的更简短的码，并将其视为具有更方便、更完整指令系统的另一台计算机。通过这种方式，可以进行更简单和更直接的编码。

第 14 章

神经系统的逻辑结构

———————

本章我们将转向讨论另一些复杂的问题。正如我之前指出的，这些问题与记忆问题，或我们前面讨论的完整代码和短代码等问题都无关。但它们与任何复杂的自动机——特别是神经系统——功能中的逻辑和算术等作用有关。

1 数值的重要性

这里要讨论的是一个非常重要的问题，即任何为人类所用，特别是为了控制复杂过程而建造的人造自动机

（计算机），通常都具有纯粹的逻辑部分和算术部分，逻辑部分是算术过程不起作用的部分，算术部分是算术过程起重要作用的部分。这是因为，由于我们的思维习惯和表达思想的习惯，在不借助公式和数字的情况下，很难表达任何真正复杂的情况。

因此，如果人类设计者必须制定一项任务，那么他就必须用数值相等或不相等的方式来定义该任务，然后交由控制这类问题——温度或特定压强的恒定性，或人体内的化学平衡性——的自动机去处理。

2　数值与逻辑的相互作用

同时，这项任务的某些部分可以在不考虑数值关系的情况下用纯粹的逻辑术语来公式化。因此，某些涉及生理反应或无反应的定性原则可以不借助数字来表述，我们只需定性地说明在什么情况下会发生某些事件，以及在什么情况下不希望发生这些事件。

3　期望高精度要求的原因

以上内容表明，当神经系统被视为一种自动机时，它必然有一个算术部分和一个逻辑部分，并且其中的算术需求和逻辑需求一样重要。这在某种意义上意味着我们是与一台计算机打交道，我们可以用熟悉的计算机理论中的概念来展开讨论。

鉴于此，我们立刻就会思考到以下问题，即当我们将神经系统看作一台计算机时，我们期望它的算术部分以什么样的精度运行？

这个问题之所以特别重要，原因是：所有的计算机经验都表明，如果一台计算机必须像神经系统那样处理复杂的算术任务，那么就必须提供相当高精度的设备。因为计算过程可能会很长，在长时间的计算过程中，不仅会累积误差，而且先前计算产生的误差也会被后面的计算部分放大，因此，我们需要比问题本身的物理性质所需的高得多的精度。

因此，人们会期望，神经系统不仅存在算术部分，而且当这个系统被视为计算机时，就必须以相当高的精度运行。在我们熟悉的计算机中，在复杂的条件下，精度需要达到 10 ～ 12 位小数并不算夸张。

上面这个结论很值得一试，正因为它看似完全不可信，所以更值得我们把这样的推论提出来。

第 15 章

所用记号系统的本质：强调统计性，忽略数字性

如前所述，我们对神经系统如何传输数字数据有了一定了解。它们通常采用周期性或接近周期性的脉冲序列来传输。每次对受体的强烈刺激都会使受体在绝对不应性的极限被打破后很快做出反应。较弱的刺激也会使受体以周期性或接近周期性的方式做出反应，但频率要低一些，因为在下一个反应成为可能之前，不仅要达到绝对不应性的极限，甚至要达到一定相对不应性的极限。因此，定量刺激的强度由周期性或接近周期性的脉冲序列提供，而频率始终是刺激强度的单调函数。这是一种频率调制的信号系统，强度被转换成频率。这一现象已

在视觉神经的某些纤维中，以及传递与（重要）压力有关的信息的神经中被直接观察到。

　　值得注意的是，这里讨论的频率并不直接等于任何刺激强度而是后者的单调函数。这就允许我们引入各种尺度效应和精度表达式。这些表达式可以方便且有利地依赖于所涉的尺度。

　　还应指出，所讨论的频率通常在每秒 50 ～ 200 个脉冲的范围内。

　　显然，在这些条件下，要达到像前面提到的精度（10 ～ 12 位小数）是根本不可能的。神经系统是一台计算机，它以相当低的精度完成极其复杂的工作：根据上面的说法，其精度可能只有 2 ～ 3 位小数。这一事实必须反复强调，因为没有一台已知的计算机能够在如此低的精度水平上可靠而有效地运行。

　　另一件事也需要注意。上述系统尽管精度低，但可靠性很高。事实很明显，如果在一个数字符号系统中丢失了一个脉冲，那就可能导致意义的绝对扭曲，即可能出现胡言乱语。但是在神经系统中，别说一个脉冲丢失，就是多个脉冲丢失，或者不必要地、错误地插入一些脉冲，相关频率——消息的含义——也不会受到太大的影响。

现在，一个必须明确回答的问题出现了：从这些明显有些矛盾的观察中，我们能得出神经系统所代表的计算机的算术和逻辑结构的基本推论吗？

1　算术运算造成的恶化算术深度和逻辑深度的作用

对于任何从事长期计算过程中精度下降问题研究的人来说，答案都是显而易见的。正如前述，这种恶化是由于误差累积所造成的。这种累积可能是叠加带来的，更主要的是由于前期计算产生的误差在后续运算中被放大所致，即由大量串行的算术运算所致，换言之，起因于运算方案的算术深度很大。

当然，许多运算都需要按顺序执行，这不只是算术运算结构的特点，也是逻辑运算结构的特点。因此，正确的说法是，所有这些精度恶化的现象也是由于我们正在处理的方案的逻辑深度很大所致。

2　算术精度或逻辑可靠性的备选方案

还应注意，如前所述，神经系统中所用的信息系统本质上具有统计特性。换句话说，重要的不是明确的记号和数字的精确位置，而是它们出现的统计特性，即周期性或近周期脉冲序列等的频率。

因此，神经系统似乎采用的是与我们在普通算术和数学中所熟悉的记号系统截然不同的记号系统。它不是精确的记号系统。在记号系统里，每个记号的位置和存在与否对于确定消息的含义都具有决定性意义。而它是这样一种记号系统，在这个系统中，消息的意义是由消息的统计特性传递的。我们已经看到，这个系统是如何采取较低的算术精度但较高的逻辑可靠性策略的，即算术运算引起的恶化通过逻辑的改进而得到补偿。

3　可用消息系统的其他统计特性

在这种情况下，很明显需要再提出一个问题。如上所述，某些周期或近周期的脉冲序列的频率携带消息

（message），即信息（information）。这些明显是信息的统计特性。是否还有任何其他统计特性可以作为信息的传输工具呢？

到目前为止，用于传输信息的消息的唯一特性就是其频率（以每秒脉冲数表示），据了解，这种消息是周期性或接近周期性的脉冲序列。

显然,（统计性）消息的其他特性也是可以被利用的。事实上这里所指的频率是单个脉冲串的特性，而每根相关的神经都是由大量的纤维组成，每根纤维都传输大量的脉冲串。因此，我们可以十分合理地认为，这类脉冲序列之间的某些（统计）关系也应该能够利用来传输信息。在这方面，人们自然会想到各种相关系数。

第 16 章
人脑语言而不是数学语言

对于前面章节中的问题的进一步探索，使我们有必要考虑语言问题。如前所述，神经系统基于两种类型的通信：不涉及算术公式的通信和算术通信。前者属指令通信（逻辑形式），后者属数字通信（算术形式）。前者可以用适当的语言来描述，后者可以用数学来描述。

我们应认识到，语言在很大程度上只是一个历史偶然事件。传统上，人类的基本语言是以各种形式传承的，但它们的多样性证明，它们的产生不是绝对和必然的。正如希腊语或梵语等语言的存在只是历史事实，而不是绝对的逻辑必然一样。我们有理由假定逻辑和数学亦是如此，也是历史和偶然产生。它们可以有本质上的变体，也就是说，它们也可以以我们平常所见的、另外的一种形式存在。事实上，中枢神经系统及其信息传输系统的性质表明它们正是如此。我们现在已经积累了足够多的证据可以证明，无论中枢神经系统使用什么样的语言，它的逻辑和算术深度都不如我们通常所使用的语言。下面是一个很明显的例子：人眼视网膜对人眼感知到的视觉图像进行了相当大的重组。现在知道，这种重组只通过三个连续的突触（即三个连续的逻辑步骤）作用于视网膜，或者更精确地说，作用于视觉神经的入口。中枢神经系统做算术运算所使用的消息系统的统计特性及其低精度也表明，前面提到的精度退化会导致信息不能在所涉及的信息系统中行进得太远。因此，这里必定存在着不同于我们通常在逻辑和数学中所使用的逻辑结构。如前所述，它们的逻辑和算术深度不如我们在其他类似情况下所习惯的那样深。因此，当我们将中枢神经系统中的逻辑和数学看作语言时，它们在结构上必然与我们的共同经验所指的语言有本质的不同。

　　还应当指出，这里所涉及的语言很可能与前面提到的短代码相对应，而不是与完整代码相对应：当我们谈论它的数学时，我们可能正在谈论第二语言，即一种由中枢神经系统真正使用的基本语言构成的语言。因此，从评估中枢神经系统真正使用的数学或逻辑语言的角度来看，我们的数学的外在形式并不是绝对相关的。然而上述关于可靠性、逻辑和算术深度的讨论证明，无论什么系统，它都不可能与我们有意识地明确指认的数学有太大的不同。

术语表

原文	译文
Parallel	并行
Plugged control	插入控制
Differential gear	差速齿轮
Impulse	冲动
Serial	串行
Stimulation	刺激
Stimulation criteria	刺激标准
Memory	存储器（内存）
Code	代码
Monotone function	单调函数
Conductivity	导电性

原文	译文
Sense anticoincidence	读出反重合
Sense coincidence	读出重合
Short codes	短代码
Short-circuited iteration	短路选代
Binary	二进制
Feedback	反馈
Hierarchy principle	分析原理
Integrator	积分器
Computer	计算机
Marker/notation	记号
Memory	记忆
Relay	继电器
Register	寄存器
Carry	进位
Crystal diode	晶体二极管
Transistor	晶体管
Precision	精度
Leakage current	漏电流
Pulse	脉冲
Analog	模拟
Modus orperandi	模运算
Energy dissipation	能耗

续表

原文	译文
Fatigue	疲劳
Frequency-modulated	频率调制
Organ	器件
Quotient digit	商数
Nervous system	神经系统
Neuron	神经元
Permeability	渗透性
Decimal	十进制
Receptor	受体
Dendrites	树突
Digital	数字的
Four species of arithmetic	算术四则运算
Random access	随机访问
Synapse	突触
Complete codes	完整代码
Differential analyzer	微分分析器
Bit	位
Silliman	西里曼
Membrane	细胞膜
Message	消息
Information theory	信息论
Addressing	寻址

续表

原文	译文
Genetic mechanism	遗传机制
Implicit relation	隐式关系
Active component	活跃器件
Threshold	阈值
Operation	运算
Vacuum tube	真空管
Sign	正负号
Tape control	纸带控制
Order	指令
Axon	轴突
Successive approximation	逐次逼近
Automata	自动机
Shift	移位
Man-made machines	计算机